JIAKONG SHUDIAN XIANLU ZHINENG JIANXIU JISHU

架空输电线路
智能检修技术

EPTC 电力技术协作平台　组编

崔建业　徐　林　主编

中国电力出版社
CHINA ELECTRIC POWER PRESS

内容提要

为明确架空输电线路智能检修技术实用性、可靠性与经济性等关键问题，提升架空输电线路智能检修关键技术能力，EPTC 电力技术协作平台组织编制《架空输电线路智能检修技术》。内容主要包括架空输电线路智能检修技术概述、无人机及机器人协同的架空输电线路智能检修关键技术、无人机及机器人协同的架空输电线路智能检修技术优秀应用案例、无人机及机器人协同的架空输电线路智能检修技术面临的挑战及未来发展趋势。

本书可供从事架空输电线路智能检修工作的工程技术人员、科研人员使用，也可作为现场作业速查手册。

图书在版编目（CIP）数据

架空输电线路智能检修技术 / EPTC 电力技术协作平台组编；崔建业，徐林主编 . -- 北京：中国电力出版社，2025. 8. -- ISBN 978-7-5239-0225-7

Ⅰ . TM726.3

中国国家版本馆 CIP 数据核字第 2025B20P26 号

出版发行：中国电力出版社
地　　址：北京市东城区北京站西街 19 号（邮政编码 100005）
网　　址：http://www.cepp.sgcc.com.cn
责任编辑：王梦琳　罗　艳　高　芬
责任校对：黄　蓓　王小鹏
装帧设计：郝晓燕
责任印制：石　雷

印　　刷：三河市航远印刷有限公司
版　　次：2025 年 8 月第一版
印　　次：2025 年 8 月北京第一次印刷
开　　本：710 毫米 ×1000 毫米　16 开本
印　　张：10
字　　数：148 千字
印　　数：0001—2500 册
定　　价：70.00 元

编 委 会

参编单位

国网浙江省电力有限公司
国网重庆市电力公司
中国电力科学研究院有限公司
国网浙江电力衢州供电公司
国网浙江电力温州供电公司
国网浙江电力绍兴供电公司
国网浙江电力杭州供电公司
国网重庆市电力公司永川供电分公司
国网重庆市电力公司超高压分公司
重庆送变电工程有限公司
国网江苏泰州供电公司
国网新疆电力有限公司奎屯供电公司
国网福建省电力有限公司技能培训中心
国网四川省电力有限公司成都供电公司
国网甘肃省电力公司兰州供电公司
国网宁夏电力有限公司银川供电公司
国网新疆电力有限公司奎屯供电公司
国网山东省电力公司超高压公司
北京科技大学
东南大学
北京邮电大学

前言

随着电力系统的快速发展，架空输电线路作为能源传输的核心载体，其安全稳定运行对保障社会经济发展至关重要。然而，传统人工巡检方式受限于效率低、风险高、精度不足等问题，难以满足现代电网智能化、精细化的运维需求。为此，无人机及机器人技术的引入为输电线路检修带来了革命性突破。本书立足于国内外智能检修技术的研究进展与实践经验，旨在系统梳理架空输电线路智能检修技术的理论体系、关键技术、应用场景及未来方向，为电力行业从业者、科研人员及技术开发者提供兼具理论深度与实践价值的参考。

本书的编写源于对电力行业智能化转型迫切需求的响应。随着无人机、机器人、人工智能等技术的快速发展，架空输电线路的智能检修技术已从理论探索迈入规模化应用阶段。然而，相关领域仍存在技术碎片化、案例分散化等问题。为此，本书基于编者在电力系统运维领域的多年实践经验，结合国内外权威文献、技术标准及典型工程案例，系统整合了无人机与机器人协同作业的技术框架、核心算法及实施路径。资料来源涵盖国内外学术论文、行业报告、企业应用数据及编者的实地调研成果，力求在理论严谨性与实践指导性之间取得平衡。

传统输电线路检修依赖人工攀爬、目视检查，存在效率低、安全隐患大、数据管理粗放等弊端。随着电力物联网、5G通信、高精度传感器等技术的突破，无人机与机器人协同作业逐渐成为主流。本书从技术演进的视角，梳理了智能检修技术从早期无人机单点巡检到多机协同、从单一数据采集到智能分析的跨越式发展历程。当前，该技术已实现故障精准识别、自主避障、实时数据传输等功能，并在复杂地形巡检、带电作业等领域展现出显著优势。书中内容聚焦技术前沿，如激光雷达三维建模、AI缺陷识别算法、能源管理优化等，兼具创新性与实用性，为读者呈现了智能检修技术的完整生态。

本书写作风格注重理论与实践结合，语言简明、图表丰富。建议读者按章节顺序系统学习，以建立完整知识体系；工程技术人员可重点参考第 3 章案例，结合自身需求优化技术方案；科研人员则可关注第 2 章关键技术及第 4 章前沿展望，探索创新方向。书中算法参数、设备选型等内容亦可作为现场作业的速查手册。

编者

2025 年 6 月

目录

前言

1

架空输电线路智能检修技术概述 ·················· 001

1.1　传统检修方式的局限性 ·······················003

1.2　架空输电线路智能检修技术概况 ·······················004

1.3　架空输电线路智能检修技术现存问题 ·······················009

1.4　架空输电线路智能检修技术发展 ·······················017

2

无人机及机器人协同的架空输电线路智能
检修关键技术 ····················· 023

2.1　无人机吊挂飞行控制技术·······················024

2.2　无人机定位技术·······················030

2.3　无人机通信技术·······················041

2.4　机器人控制技术·······················048

2.5　机械臂感知与控制技术·······················054

2.6　人机交互技术·······················065

3

无人机及机器人协同的架空输电线路智能检修技术优秀应用案例 ································· 075

3.1 应用案例 1 输电线路智能巡检体系建设 ······················ 076

3.2 应用案例 2 "标准网格 + 智能接单"输电线路立体
巡检新模式 ··080

3.3 应用案例 3 以数字化"工单驱动 + 智慧巡检"为基
础的供电设备运维管理 ·······················087

3.4 应用案例 4 无人机自主巡检和缺陷智能识别规模化应用 ···093

3.5 应用案例 5 基于三维技术的电网基建工程全过程智能
管控应用研究 ··098

3.6 应用案例 6 基于智能无人机库的电缆终端夜间红外
检测技术 ··103

3.7 应用案例 7 电力电缆路径的智能标识设备及告警系统 ·······110

3.8 应用案例 8 基于无人机仿线飞行的输电线路导地线
智能巡检技术应用与实践 ··························117

3.9 应用案例 9 基于机巢的架空输电线路无人机自动巡检 ·····121

3.10 应用案例 10 特大城市电网变电运行支持系统
（广州边侧）···127

4

无人机及机器人协同的架空输电线路智能检修技术面临的挑战及未来趋势展望 ············ 139

4.1 无人机及机器人协同的架空输电线路智能检修技术
面临的挑战 ··140

4.2 无人机及机器人协同的架空输电线路智能检修技
术的未来趋势展望 ···145

4.3 总结 ··150

参考文献 ···151

1 架空输电线路智能检修技术概述

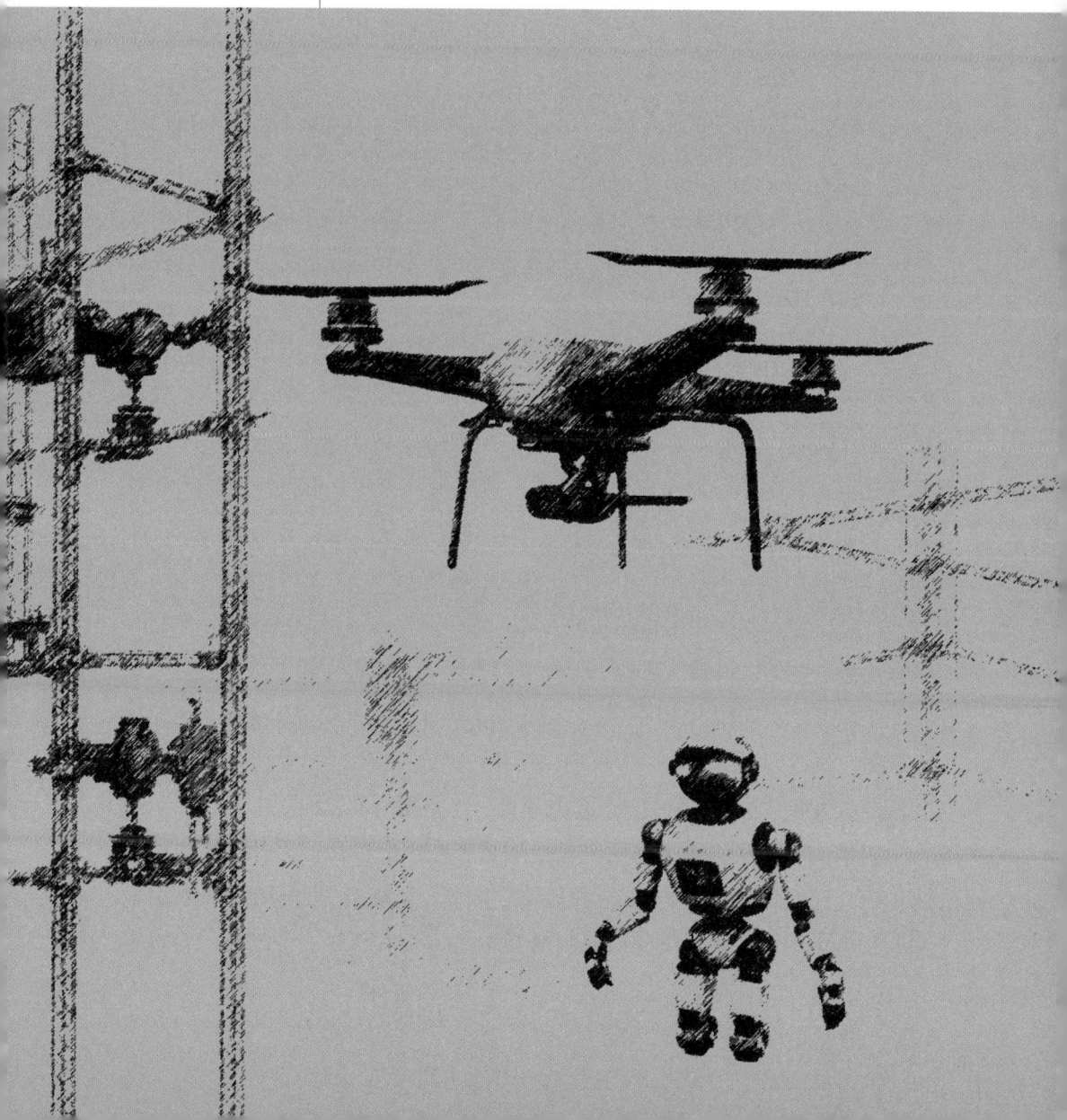

架空输电线路作为电力系统的重要组成部分，其安全稳定运行对于保障电力供应起着关键作用。随着电力系统规模的不断扩大和电网结构的日益复杂，传统的架空输电线路检修方式逐渐暴露出诸多局限性。传统检修主要依赖人工巡检，这种方式劳动强度大、效率低、检测精度有限，且难以对一些隐蔽性故障进行及时准确的诊断。此外，在复杂地形和恶劣天气条件下，人工巡检面临着较大的安全风险。为了克服这些问题，架空输电线路智能检修技术应运而生并得到了迅速发展。架空输电线路智能检修技术能够有效克服传统检修方式的各种不足，实现更高效、准确的检修作业，及时发现和处理线路缺陷，保障输电线路的安全稳定运行。

新型电力线路巡检方式主要有有人直升机巡检、无人机巡检和线路机器人巡检。

有人直升机巡检基本不受地形环境因素影响，巡检范围较大，巡检精度较高，但存在受天气因素和航空管制影响较大、巡检周期较长、巡检成本较高、无法长时间悬停等问题。

无人机巡检可以分为大型和中小型两类。其中大型无人机巡检费用低、巡检范围广，但其定点巡检精度不高，且技术门槛较高，短期内无法实现大规模普及应用。中小型无人机巡检具有机动性强、便于携带、可定点悬浮拍照等优点，在中国电网中已经得到了一定的推广应用，但其续航能力比较弱，不能长期巡检，且其安全性受到操作者的操纵影响，有可能造成设备损伤。

线路机器人巡检相比其他几种方式，虽然巡检时运行速度较慢，但仍有较大优势。例如，机器人巡检不受环境因素影响，能够定点巡检，配合一定技术手段可以实现较大范围巡检，巡检成本较低，可重复多次巡检，巡检周期较短，机器人本身安全风险较小，具有一定的自主性等。因此，机器人巡检已经成为架空输电线路智能巡检技术的一个重要研究方向。

目前，对巡线机器人的研究已经取得了较大的进展。国外对巡线机器人的研究比较早，20世纪80年代后期，日本、加拿大、美国相继开展，成果有加拿大魁北克水利研究所研制的 LineScout 巡线机器人原型机、日本东京大学与日本关西电力公司合作研制的 Expliner 巡线机器人原型机、美国电气研究所研制的 TI 巡线机器人原型机。而中国对这方面的研究起步比较晚，具有代表性的成果机构包括上海大学电气自动化研究所、中国科学院自动化研究所、山东科技大学、武汉大学等。

在无人机和机器人智能化巡检领域，实现全自动化巡检是提升巡检效率与准确率的重要手段，最大限度地减少人工干预对降低操作风险具有重要意义。目前，中国已经在电力线无人机自动巡检技术上有了突破性进展，并在电网中完成了带电线路的示范应用，而线路机器人还不能完全自主巡检，巡检时仍需要大量人工干预。

1.1 传统检修方式的局限性

1. 劳动强度大且效率低

（1）巡检范围广：架空输电线路往往分布在广阔的区域，距离长、跨度大，巡检人员需要徒步或借助交通工具沿线检查，耗费大量的体力和时间，导致巡检效率低下。

（2）检测速度慢：传统的人工检测方法，如使用望远镜、绝缘电阻表等工具进行检查，操作繁琐，检测速度慢，难以在短时间内对大量的线路设备进行全面检测。

2. 检测精度有限

（1）难以发现隐蔽故障：一些输电线路的故障隐患较为隐蔽，如导线内部的损伤、绝缘子的内部绝缘缺陷等，仅靠人工巡检和常规检测手段难以准确发现，容易遗漏潜在问题，增加线路故障风险。

（2）主观因素影响大：人工检测结果受巡检人员的经验、技能水平以及责任心等主观因素影响较大，不同人员的检测结果可能存在差异，难以保证检测精度的一致性和可靠性。

3. 安全风险高

（1）高空作业风险：架空输电线路检修常涉及高空作业，如攀爬杆塔、在导线上行走等，作业环境危险，稍有不慎就可能发生高空坠落事故，对检修人员的生命安全构成严重威胁。

（2）恶劣环境风险：在复杂地形和恶劣天气条件下，如山区、雪地、大风、暴雨等，人工巡检不仅困难重重，还会使检修人员面临更大的安全风险，甚至无法进行正常的巡检工作。

4. 缺乏实时性

（1）定期巡检间隔长：传统检修方式多为定期巡检，两次巡检之间存在时间间隔，对于在间隔期间内出现的故障或隐患无法及时发现和处理，难以及时掌握线路的实时运行状态，不利于保障输电线路的连续稳定运行。

（2）故障响应滞后：当线路发生故障后，通常需要经过人工汇报、组织抢修等一系列流程，才能开始故障排查和修复工作，导致故障响应时间较长，停电时间延长，影响供电可靠性。

5. 信息获取与管理不足

（1）数据记录不全面：人工巡检过程中，对于线路设备的各种信息记录方式较为简单，难以全面、准确地记录设备的详细状态和相关数据，不利于对线路的长期运行状况进行深入分析和评估。

（2）数据整合与共享困难：传统检修方式下，不同巡检人员、不同部门之间的数据分散，整合和共享难度较大，无法形成有效的数据资源，难以充分发挥数据在输电线路运维管理中的价值，不利于制定科学合理的检修计划和决策。

1.2 架空输电线路智能检修技术概况

1.2.1 无人机技术应用概况

1. 无人机类型

根据无人机的机体结构通常可将无人机分为无人直升机、多旋翼无人机和固定翼无人机三类。但是三种无人机的性能特性不同，所以它们所执行的巡视任务也各不相同。

（1）无人直升机与传统直升机类似，由操控人员在地面站进行操控是早期电网无人机巡检试验方案之一，但因其尺寸庞大、操作困难，易与电网发生碰撞造成重大安全事故，且其造价昂贵，目前很少用于电力巡检。

（2）多旋翼无人机由多个旋翼产生升力，通过改变各个旋翼的转速控制飞行器的姿态，具有小巧灵活、垂直起降、精准悬停的优点，但机动性差、飞行高度较低、负载较小、续航时间短，因此在架空线路巡检中多旋翼无人机通常负责小范围精细作业或杆塔精细化建模等任务。

（3）固定翼无人机依靠螺旋桨或涡轮发动机提供前进动力，由机翼与空气的相对运动产生升力，其巡航速度快续航时间长，但起降需要跑道且无法悬停，在架空线路巡检中固定翼通常负责大范围、有较高航程要求的任务。

（4）除此之外还有结合固定翼与多旋翼的复合翼无人机，兼具垂直起降、精准悬停与巡航速度快的优点，在灾后应急等恶劣复杂环境的应用场景中极具潜力，但在电力巡检领域尚未有大范围的落地应用。

2. 无人机传感器技术

（1）红外遥感。红外遥感技术是目前电力装备在役状态下进行过热故障监控的常用方法，其基本原理是利用红外热成像等设备对被测物体表面的热辐射进行测量，从而获得物体表面的二维温度分布，并根据图像的特性对设备的工作状态进行判断。目前，在架空线路巡视方面，多采用旋翼式无人机，其技术已比较成熟，但还没有实现大规模的应用。

（2）紫外遥感。紫外遥感主要用于检测电力设备的电晕放电和表面局部网络，通过探测放电辐射出的、波长为240~280nm波段的紫外光信号，输出放电紫外图像，以图像光子数作为衡量放电强度的量化参数。相比超声波检测法、红外成像法，该方法具有灵敏度高、不易受环境干扰等优势。但受制于紫外遥感设备的价格因素，目前在电力巡检中将其与无人机结合的应用较少，相应研究也仍处于起步阶段。

（3）激光雷达。激光雷达是一种利用激光来探测目标位置和速度等特征参数的先进技术，在空间信息制图和定位导航等方面得到广泛的应用。而在电力系统巡视中，对输电线路进行信道环境测量和三维重构，是目前输电线路信道环境监测的主要方法。利用机载 Lidar 对输电线路信道进行扫描，基于点云数据，构建输电通道信道环境 3D 建模；基于上述研究，对输电线路中存在的树障缺陷、间距缺陷、外部缺陷等进行分析，结合倾斜摄像技术，结合微气象、导线工况等，实现导线弧垂、风偏、覆冰等缺陷的预警。多数被搭载在固定翼无人机上的多旋翼无人机，其硬件成本较为昂贵。目前已有在中小多旋翼无人直升机上搭载小型激光雷达来完成输电线路的精细化建模，但并未实现大规模应用。

3. 无人机技术在架空输电线路检修中的应用

（1）故障排查。传统的输电线路故障排查依靠人工巡视，需专业工作人员在地面进行目视检查，这种方式不仅难以识别问题，还存在一定安全隐患，不利于工作的顺利开展。而利用无人机开展运检工作，其携带的可见光摄像头可以从多角度捕捉问题影像，为运检人员提供判断输电线路状态的必要数据与信息。同时，无人机装备的红外热成像设备，可以用于探测连接点的温度变化，判断是否处于异常升高状态，快速定位杆塔或线路中的故障点，实现尽早发现问题并及时处理，保障架空输电线路的安全运行。

（2）廊道巡视。无人机技术在架空输电线路廊道巡检中的工作可以从两个层面来看。一是正射影像的采集作业，无人机搭载相机垂直向下拍摄，能够运用专业的图像处理，反馈精细的影像拼接工作，从而形成准确、清晰的甬道路线。尤其在输电线路廊道的巡视作业中，对识别和标记关键交叉跨越点，起到潜在危险的揭示作用。需要注意的是，正射影像虽具有其独特价值，但也存在一定弊端，无法处理必要的立体视觉信息，难以多角度进行实时调整，限制了其应用范围。二是使用机载激光扫描设备对架空输电线路开展廊道巡视工作，能够准确、高效地获取线路通道内的三维数据，实现精确的距离测量，对架空输电线路安全隐患排查具有重要意义。

（3）安全验收。固有的架空输电线路安全验收，在人工攀登杆塔和采用全站仪进行详尽测量时，过度依赖个人经验，不仅验收周期冗长，且劳动强度较高，需要人力、物力的大量投入。目前，伴随技术的更新，机载可见光与激光雷达融合技术及固定翼无人机巡检技术的广泛应用，为输电线路安全验收工作提供可靠的技术支持。

1.2.2 机器人技术应用概况

1. 机器人类型

（1）导线机器人。能够在架空输电导线上自主行走，携带检测设备对导线进行近距离检测，如检测导线的磨损、腐蚀程度，以及是否存在内部损伤等。部分导线机器人还具备修复功能，可对一些轻微的导线损伤进行现场修复，如采用补修条等方式修复导线断裂。

（2）绝缘子机器人。可以沿着绝缘子串移动，对绝缘子进行外观检查、憎水性检测、自爆检测等。通过高清摄像头和图像识别技术，准确判断绝缘子的运行状态，及时发现绝缘子的破损、污秽、老化等问题，并可进行相应的处理，如清扫绝缘子表面的污秽物等。

（3）杆塔攀爬机器人。能够自主攀爬输电杆塔，对杆塔的各个部位进行检查和维护，如检测杆塔的锈蚀情况、螺栓松动情况、塔身变形情况等，同时还可携带工具对发现的问题进行及时处理，如紧固螺栓、修补塔身防腐层等。

2. 机器人关键技术

（1）高精度传感器技术。高精度传感器是机器人实现精准检测输电线路的基础。传感器包括红外热成像、高清摄像头、激光雷达及超声波传感器等。这些传感器能够实时捕捉输电线路的温度、图像、距离及振动等数据，帮助机器人准确识别和定位输电线路的缺陷和故障点。

（2）智能算法与人工智能技术。智能算法和人工智能技术赋予机器人自主决策和学习能力。通过机器学习和深度学习算法，机器人可以分析传感器数据，识别输电线路异常和故障，并预测可能发生的问题。同时，基于图像识别和模式识别技术，机器人可以自动检测和分类不同类型的故障，提高输电线路检修的效率和准确性。

（3）自主导航与避障技术。自主导航与避障技术使机器人能够在复杂的输电线路环境中自主行走和操作。通过全球定位系统、惯性导航系统和视觉导航技术，机器人能够准确定位和规划路径。同时，利用激光雷达和超声波传感器，机器人能够实时检测障碍物并进行避障操作，确保在复杂地形和多变环境中的稳定运行。

（4）可靠的通信与数据传输技术。这是机器人实现实时监控和数据分析的关键。无线通信技术如 5G、远距离无线电（Long Range Radio，LoRa）和卫星通信，能够确保机器人在远程和恶劣环境中的数据传输稳定性。同时，云计算和边缘计算技术支持快速处理和分析海量数据，实现输电线路状态的实时监控和智能决策。

（5）电磁屏蔽与抗干扰技术。输电线路周围的强电磁场对机器人的电子设备和通信系统可能造成干扰。电磁屏蔽与抗干扰技术通过在机器人内部设计电磁屏蔽装置和采用抗干扰材料，减少外界电磁干扰和对机器人的影响，确保其稳定运行。

（6）能源管理与续航技术。在高空和远程操作中，机器人需要持续供电以保证长时间运行。能源管理与续航技术通过高效的电池和能源管理系统，优化机器人的能耗，延长续航时间。此外，太阳能充电和无线充电技术的应用，为机器人提供了更加灵活和可持续的能源解决方案。

3. 机器人技术在架空输电线路检修中的应用

（1）例行检查。输电线路机器人检修技术在输电线路的例行检查中发挥着重要作用：①定期巡检，机器人能够按照预定的时间表，定期巡检输电线路，及时发现和记录输电线路上的任何异常情况或潜在故障；②快速反应，在恶劣天气或自然灾害后，机器人可以迅速出动，快速检查受影响的输电线路，确保输电线路的安全和稳定；③全面覆盖，机器人能够覆盖检查输电线路的各个部分，包括杆塔、导线、绝缘子等，确保不遗漏任何潜在问题。

（2）故障诊断与修复。机器人不仅能够发现输电线路故障，还能在一定程度上参与故障的诊断与修复工作，提升输电线路检修的及时性和准确性。①故障识别，机器人配备先进的传感器和摄像头，能够精确检测输电线路上的故障点，如断线、绝缘破损、连接松动等；②故障分析，通过实时数据传输和智能算法，机器人可以分析故障类型和严重程度，为后续的修复工作提供详细信息；③现场修复，某些机器人具备简单的修复功能，如更换绝缘子、修复断线等，能够在发现输电线路故障后立即进行初步修复，提高检修效率。

（3）数据收集与监控。机器人在巡检输电线路的过程中能够实时收集大量数据，并通过通信系统传输到地面控制中心进行分析和监控。①机器人配备多种传感器，能够采集电压、电流、温度及振动等多种参数，全面了解输电线路的运行状态；②通过无线通信技术，机器人将采集到的数据实时传输到控制中心，监控人员可以实时查看线路状态，及时发现异常情况；③利用大数据和云计算技术，分析采集到的数据，预测故障趋势，优化检修计划，提升输电线路运行的可靠性。

1.3　架空输电线路智能检修技术现存问题

随着科学技术的发展，架空输电线路的智能检修技术也相应地快速发展。无人机、机器人、智能检测设备与传感器技术，以及数据分析与处理技术等的应用，极大地提高了架空输电线路的检修效率和准确性，降低了人工巡检的风险和成本。但是，尽管这些智能检修技术取得了显著的成果，在实际应用中仍然存在一些问题，需要进一步研究和解决。

1.3.1　无人机技术现存问题

1. 续航能力有限

目前，大多数无人机的续航时间较短，一般在几十分钟到几个小时之间。这对于大规模的架空输电线路巡检任务来说，需要频繁更换电池或进行充电，降低了巡检效率。此外，续航能力有限也限制了无人机在复杂环境下的作业能力，如远距离巡检、山区巡检等。

（1）电池技术瓶颈。

1）能量密度限制：目前无人机所使用的电池主要是锂电池。锂电池的能量密度虽然在不断提高，但相较于燃油等传统能源，仍然存在很大差距。例如，汽油的能量密度为 12~17kWh/kg，而普通锂电池的能量密度通常为 0.1~0.2kWh/kg。这种较低的能量密度意味着在相同质量下，锂电池所能存储的能量较少，从而限制了无人机的续航时间。

以一个典型的多旋翼巡检无人机为例，其搭载的锂电池容量一般为 3~6Ah，电压为 22.2V 左右，计算可得其存储的能量在 0.06~0.12kWh 之间。而在实际飞行中，由于电机、飞控等设备的能耗，这样的能量储备很难支持无人机长时间飞行。

2）电池寿命和性能衰退：电池在反复充放电过程中会出现性能衰退的情况。随着充放电次数的增加，电池的容量会逐渐降低，内阻会逐渐增大。例如，经过几百次充放电循环后，锂电池的容量可能会下降到初始容量的 80% 左右。

对于频繁用于架空输电线路巡检的无人机，这种电池性能衰退的影响更为明显。因为巡检任务的频繁性要求无人机电池经常充放电，这会加速电池老化。当电池性能下降后，不仅续航能力会降低，而且无人机的动力性能也可能受到影响，如飞行速度降低、负载能力下降等。

（2）无人机自身能耗因素。

1）动力系统能耗：无人机的动力系统主要包括电机和螺旋桨。多旋翼无人机通常需要多个电机和螺旋桨同时工作来提供升力和动力，电机在运转过程中会消耗大量电能，其能耗与电机的功率、转速以及负载等因素有关。

例如，一个典型的小型多旋翼无人机电机功率在 30 ~100W 之间，当无人机起飞和悬停时，电机需要持续输出功率来克服重力和空气阻力。在飞行过程中，尤其是在加速、爬升等动作时，电机的功率需求会进一步增加。如果无人机携带了较重的检测设备，如红外热像仪、激光雷达等，电机的负载增大，能耗也会相应提高，从而缩短续航时间。

2）飞控系统和其他电子设备能耗：无人机的飞控系统是保障其稳定飞行的关键。飞控系统包括飞行控制器、传感器（如加速度计、陀螺仪、气压计等）等部件，这些部件在工作过程中也会消耗电能。飞行控制器需要不断处理传感器传来的数据，进行姿态解算和控制指令输出，这个过程需要持续的电力供应。

此外，无人机还可能配备有通信设备（如数传电台、图传设备）用于与地面控制中心进行数据和图像传输。这些通信设备的能耗也不可忽视。例如，高清图传设备的功率可能为 5 ~10W，在传输数据和图像时会持续消耗电池电量，进一步降低无人机的续航能力。

2. 定位与导航精度问题

（1）GPS 信号受限。在架空输电线路的巡检环境中，GPS 信号可能会受到多种因素的干扰而出现精度下降甚至丢失的情况。例如，在山区、峡谷等地形复杂的区域，GPS 信号容易被遮挡；在靠近高压输电线路时，强电磁干扰也会影响 GPS 接收机的正常工作。这使得无人机在定位和导航方面出现偏差，难以按照预定的航线精确飞行，可能导致巡检遗漏或重复巡检某些区域，影响检修工作的准确性和完整性。

（2）视觉导航局限性。为了弥补 GPS 信号的不足，部分无人机采用视觉导航技术。然而，视觉导航在架空输电线路环境下也存在一定的局限性。一方面，输电线路所处的自然环境复杂多变，光照条件、天气状况（如雾、雨、雪等）及线路周围的背景干扰等都会对视觉传感器的图像采集和处理产生影响，降低视觉导航的精度；另一方面，输电线路的外观特征在某些情况下较为相似，如导线、绝缘子等，这使得视觉导航系统在识别和定位线路部件时容易出现误判，从而影响无人机的飞行轨迹控制。

3. 图像与数据处理问题

（1）图像数据量大。无人机在巡检过程中会采集大量的图像和视频数据，这些数据的存储、传输和处理都面临巨大挑战。数据量过大不仅对无人机的机载存储设备容量提出了很高要求，还会导致数据传输过程中的延迟和卡顿，影响实时监测和分析的效果。例如，在将无人机采集的高清图像数据传输回地面控制中心时，可能会因为带宽限制而出现传输中断或图像加载缓慢的情况，使得运维人员无法及时获取线路的准确状态信息。

（2）图像识别与分析精度。对无人机采集的图像进行准确的识别和分析是判断输电线路故障和缺陷的关键。然而，目前的图像识别算法在处理输电线路图像时仍存在一定的误判率。一方面，输电线路上的一些正常部件（如绝缘子表面的污渍、导线的正常磨损等）可能会被误判为故障或缺陷；另一方面，对于一些微小的故障特征（如导线的初期裂纹、绝缘子的微小放电痕迹等），现有的图像识别技术可能难以有效检测出来，导致故障隐患无法及时发现和处理。

4. 抗干扰性问题

（1）电磁干扰。架空输电线路周围存在强电场和磁场，无人机在靠近线路飞行时，其电子设备容易受到电磁干扰。这种电磁干扰可能会影响无人机的飞行控制系统、通信系统及搭载的检测设备的正常工作。例如，电磁干扰可能导致无人机的飞行姿态失控、数据传输错误或检测设备的测量精度下降，严重时甚至会造成无人机坠毁，对人员安全和设备财产造成威胁。

（2）气象干扰。在不同的气象条件下，无人机的飞行性能和检测效果都会受到影响。强风、暴雨、沙尘等恶劣天气会增加无人机飞行的阻力和不稳定性，降低其操控精度；同时，气象因素也会对无人机搭载的检测设备（如光学相机、红外热像仪等）的成像质量产生干扰，使得采集到的数据不准确或无法使用。例如，在暴雨天气中，雨水会遮挡镜头，导致图像模糊不清；在沙尘天气下，沙尘颗粒会影响红外热像仪的测温精度。

5. 载荷能力问题

（1）检测设备质量限制。随着智能检修技术的发展，越来越多的先进检测设备被应用于无人机巡检系统中，如高精度的光学相机、红外热像仪、激光雷达等。然而，这些设备通常质量较大，而无人机的载荷能力有限，这就限制了检测设备的种类和数量。例如，一些大型的激光雷达设备虽然能够提供更精确的线路三维建模数据，但由于其质量超出了无人机的承载范围，无法搭载使用，从而影响了对输电线路全面、深入的检测和分析。

（2）载荷适配性问题。除了质量限制外，无人机与检测设备之间的载荷适配性也是一个重要问题。不同型号和用途的无人机在结构设计、动力性能等方面存在差异，对检测设备的安装位置、固定方式及电源供应等都有不同要求。如果检测设备与无人机的适配性不好，可能会影响无人机的飞行稳定性、操控性能及检测设备的工作效果。例如，在安装光学相机时，如果相机的安装位置不合理，可能会导致拍摄角度受限或图像抖动，影响图像质量和检测精度。

无人机在架空输电线路智能检修技术中具有广阔的应用前景，但目前在续航能力、定位与导航精度、图像与数据处理、抗干扰性、载荷能力及法规与监管等方面存在诸多问题。为了充分发挥无人机在架空输电线路检修中的优势，需要在技术研发、设备改进、法规完善等多个方面共同努力。在技术层面，应加大对高能量密度电池、精准定位导航技术、高效图像与数据处理算法、电磁与气象抗干扰技术及无人机载荷优化设计等方面的研究力度；在法规政策方面，应简化飞行空域申请流程，建立健全无人机在电力设施附近飞行的安全监管规范和制度，加强对无人机操作人员的培训与管理。通过综合解决这些问题，不断提升无人机在架空输电线路智能检修中的应用水平，为保障电力系统的安全稳定运行提供有力支持。

1.3.2　机器人技术现存问题

1. 自主导航与定位问题

（1）复杂环境适应性差。架空输电线路往往穿越各种复杂的地理环境，包括山区、森林、河流以及城市区域等。在这些环境中，地形地貌起伏多变、障碍物众多且分布不规则。机器人在自主导航时，现有的导航系统难以精确地识别和应对这些复杂地形和障碍物。例如，在山区，机器人可能因对坡度、沟壑等地形特征的误判而发生摔倒或偏离预定路径的情况；在城市区域，高楼大厦、广告牌等障碍物会干扰机器人的导航信号，导致其无法准确规划路径，从而影响检修任务的顺利进行。

（2）定位精度不高。准确的定位是机器人进行有效检修作业的基础。目前常用的定位技术，如全球定位系统（GPS）、视觉定位、激光雷达定位等，在架空输电线路环境下均存在一定的局限性。GPS 信号在山区或有遮挡的区域容易受到干扰，导致定位误差增大；视觉定位受光照条件、线路外观相似性以及天气状况（如雾、雨、雪等）的影响较大，定位可靠性不稳定；激光雷达定位虽然精度较高，但在长距离定位时会出现误差累积现象，且对于某些特殊材质或形状的线路部件可能存在反射信号弱的问题，影响定位效果。这些定位精度问题可能导致机器人在检修作业中无法准确到达故障位置，从而延误检修时间，降低检修效率。

2. 作业能力问题

（1）操作灵活性有限。架空输电线路检修工作涉及多种复杂的操作任务，如导线接续、绝缘子更换、线路部件的紧固与调整等。机器人在执行这些任务时，由于其机械结构和控制系统的限制，操作灵活性远不及人工。例如，在进行导线接续时，机器人需要精确地控制工具的位置、力度和角度，而现有的机器人手臂在关节运动范围、运动精度及力感知与控制能力方面存在不足，难以完成高精度、高难度的接续操作；在更换绝缘子时，对于不同型号、规格和安装位置的绝缘子，机器人可能无法快速、准确地适应并完成更换作业，影响了检修工作的全面性和有效性。

（2）负载能力不足。在一些大型输电线路部件的检修或更换工作中，机器人需要具备足够的负载能力来搬运和操作相关设备与工具。然而，目前许多用于架空输电线路检修的机器人负载能力相对较弱。例如，在更换较重的绝缘子串或大型金具时，机器人可能无法承受其质量，导致无法完成更换任务。这不仅限制了机器人能够处理的故障类型和范围，也使得在面对一些较为严重的线路故障时，仍需依赖人工进行处理，降低了机器人的应用价值。

3. 能源供应与续航问题

（1）能源供应方式单一。现阶段，大多数架空输电线路检修机器人主要依靠电池作为能源供应来源。电池的能量密度相对较低，这就限制了机器人的续航能力。对于长距离、大规模的输电线路检修任务，机器人需要频繁地返回充电或更换电池，这不仅增加了检修作业的时间成本，还降低了工作效率。例如，在对长距离输电线路进行巡检和检修时，机器人可能在完成一小段线路的工作后就因电量不足而停止作业，需要返回基地充电，然后再重新出发，严重影响了检修工作的连续性和及时性。

（2）能源管理策略不完善。机器人在运行过程中，能源消耗与多种因素密切相关，如机器人的运动速度、负载质量、作业强度以及环境条件等。然而，现有的机器人能源管理策略较为简单，往往不能根据机器人的实际运行状态进行动态优化调整。例如，在机器人执行不同任务时，无法合理地分配能源，导致在一些低负载、低能耗的任务阶段，能源也以较高的速率消耗；而在关键的高负载作业阶段，可能因能源储备不足而无法完成任务。这种不完善的能源管理策略进一步加剧了能源供应与续航问题，降低了机器人的整体性能和工作效能。

4. 可靠性与安全性问题

（1）部件易损与故障。架空输电线路检修机器人在复杂恶劣的户外环境中长时间运行，其机械部件和电子元件容易受到磨损、腐蚀、高温、低温以及电磁干扰等因素的影响，从而导致部件损坏和故障频发。例如，机器人的行走机构在长时间与输电线路杆塔及地面接触摩擦过程中，轮胎、履带或关节部件可能会出现磨损、变形甚至断裂；电子元件在强电磁环境下可能会发生短路、断路或性能漂移等故障。这些部件易损和故障问题不仅增加了机器人的维护成本和停机时间，还可能在检修作业过程中引发安全事故，对输电线路和周围环境造成损害。

（2）安全防护机制不完善。由于架空输电线路本身具有高电压、强电场的特性，机器人在靠近和接触线路进行检修作业时，面临着触电、放电等安全风险。然而，目前机器人的安全防护机制还不够完善，难以有效地防范这些安全风险。例如，在机器人跨越不同电位的线路部件时，缺乏可靠的绝缘防护措施，容易引发电弧放电，危及机器人自身安全和输电线路的稳定运行；在机器人遇到突发故障或异常情况时，其应急制动和安全锁定功能可能无法及时有效地发挥作用，导致机器人失控，对周围人员和设施造成威胁。

5. 成本效益问题

（1）设备采购与维护成本高。用于架空输电线路检修的机器人通常是一种高度专业化、技术密集型的设备，其研发、制造和采购成本较高。同时，由于机器人结构复杂、零部件众多且技术含量高，其维护保养工作需要专业的技术人员和昂贵的维修工具及配件，这进一步增加了设备的维护成本。例如，机器人的高精度传感器、复杂的控制系统及专用的作业工具等部件一旦出现故障，维修或更换成本往往很高。对于电力企业来说，高额的设备采购与维护成本在一定程度上限制了机器人技术的大规模推广应用，影响了其投资回报率。

（2）投资回报周期长。尽管机器人在架空输电线路智能检修中具有提高检修效率、降低劳动强度等潜在优势，但在实际应用中，其带来的经济效益难以在短期内得到充分体现，导致投资回报周期较长。一方面，机器人的初始投资成本较高，而其在减少停电损失、提高检修质量等方面的效益难以进行精确量化和评估；另一方面，机器人技术仍处于不断发展和完善阶段，在应用初期可能会出现各种问题，需要持续投入资金进行技术改进和优化，这进一步延长了投资回报周期。对于电力企业而言，较长的投资回报周期增加了投资风险，使得企业在决策是否采用机器人技术进行输电线路检修时会更加谨慎。

6. 与现有系统的兼容性问题

（1）通信协议不兼容。在架空输电线路智能检修体系中，机器人需要与地面控制中心、其他监测设备及电力企业的管理信息系统等进行数据通信和交互。然而，由于不同厂家生产的设备和系统采用的通信协议各不相同，机器人在接入现有检修系统时可能会面临通信协议不兼容的问题。这就导致数据传输不畅、信息交互困难，影响了机器人与其他系统之间的协同工作效率。例如，机器人采集的检修数据无法及时、准确地传输到地面控制中心进行分析和处理，或者地面控制中心的控制指令无法有效地传达给机器人，从而降低了整个检修系统的智能化水平和工作效能。

（2）数据格式差异。除了通信协议不兼容外，机器人与现有系统之间的数据格式差异也是一个不容忽视的问题。不同设备和系统采集、存储和处理数据的格式往往不一致，这就需要在数据交互过程中进行格式转换和适配。然而，数据格式转换可能会导致数据丢失、精度降低或处理效率低下等问题。例如，机器人采集的图像数据格式可能与电力企业的图像分析软件不匹配，需要进行复杂的格式转换，这不仅增加了数据处理的时间和工作量，还可能影响图像分析的准确性，从而对检修决策产生不利影响。

机器人在架空输电线路智能检修技术中的应用虽然取得了一定的进展，但在自主导航与定位、作业能力、能源供应与续航、可靠性与安全性、成本效益及与现有系统的兼容性等方面仍然面临诸多严峻的问题。为了克服这些问题，促进机器人技术在架空输电线路检修领域的广泛应用和深入发展，需要从多个方面入手。在技术研发方面，应加大对机器人导航定位技术、作业机构设计与控制技术、新能源与能源管理技术、可靠性设计与安全防护技术及通信与数据融合技术等的研究力度；在标准规范制定方面，应建立统一的机器人通信协议、数据格式标准以及安全规范等，提高机器人与现有系统的兼容性和协同工作能力；在成本控制与效益评估方面，应探索降低机器人设备采购与维护成本的有效途径，建立科学合理的投资效益评估模型，为电力企业的决策提供依据。通过综合施策，不断完善机器人在架空输电线路智能检修中的应用技术与体系，提升电力系统的运维水平和可靠性。

1.4 架空输电线路智能检修技术发展

1.4.1 无人机巡检技术发展

1. 智能化程度不断提高

（1）自主飞行与巡检能力提升：未来无人机将具备更强的自主飞行能力，能够在复杂环境下实现完全自主的巡检任务，无需人工过多干预。通过先进的传感器技术、定位系统和智能算法，无人机可以自动规划巡检航线、避开障碍物、精准定位巡检目标，并根据预设的规则和模型对输电线路进行全面、细致的检查。

（2）故障智能识别与诊断：借助深度学习和人工智能技术，无人机搭载的图像识别、数据分析系统将更加智能和精准。不仅能够识别常见的输电线路故障，如绝缘子破损、导线断股、金具锈蚀等，还能对一些潜在的、不易察觉的故障隐患进行早期预警和诊断。通过对大量巡检数据的学习和分析，系统可以不断优化识别算法，提高故障识别的准确率和效率，降低误报率和漏报率。

2.巡检效率大幅提升

（1）续航能力增强：电池技术的不断进步以及新型能源的应用，将使无人机的续航时间显著延长。这意味着无人机在一次飞行任务中能够覆盖更长的巡检线路，减少频繁更换电池或充电的次数，从而提高巡检效率。此外，无人机的飞行速度和作业效率也将进一步提升，能够在更短的时间内完成对输电线路的巡检任务。

（2）集群协同作业：多架无人机组成的集群协同巡检将成为未来的发展方向之一。通过集群控制技术和通信网络，多架无人机可以实现信息共享、任务分配和协同作业，对大面积的输电线路进行快速、高效的巡检。例如，在面对复杂地形或大面积的巡检区域时，可以同时派遣多架无人机从不同方向和角度进行巡检，大大缩短巡检时间，提高巡检的覆盖率和全面性。

3.数据处理与应用更加深入

（1）数据传输与存储技术升级：随着 5G、卫星通信等高速通信技术的广泛应用，无人机巡检数据的传输速度将大幅提高，能够实现实时、稳定的数据回传，使后台监控人员可以及时获取巡检信息，做出快速响应。同时，数据存储技术也将不断发展，能够更高效地存储和管理海量的巡检数据，为后续的数据分析和挖掘提供有力支持。

（2）数据分析与挖掘深度化：对巡检数据的分析和挖掘将不再局限于简单的故障识别和统计，而是向更深入、更全面的方向发展。通过对历史数据和实时数据的综合分析，可以建立输电线路的健康评估模型，预测线路的潜在故障风险和剩余寿命，为预防性维护和检修提供科学依据。此外，还可以挖掘数据中的隐藏信息，优化输电线路的运行管理和维护策略，提高电网的可靠性和经济性。

4.安全性能进一步加强

（1）飞行安全保障技术完善：为确保无人机在架空输电线路巡检过程中的飞行安全，相关的安全保障技术将不断完善。例如，无人机将配备更加先进的避障系统、故障自诊断和应急处理机制，能够在遇到突发情况时迅速做出反应，保障自身安全和巡检任务的顺利进行。同时，对无人机的飞行区域和高度进行更加精确的管控，避免与其他飞行器或障碍物发生碰撞。

（2）网络安全防护强化：随着无人机巡检系统的数字化和智能化程度不断提高，网络安全问题将日益突出。未来需要加强对无人机巡检系统的网络安全防护，采取加密通信、身份认证、访问控制等多种安全措施，防止数据泄露、被篡改或遭受网络攻击，确保巡检数据的完整性、保密性和可用性。

5. 与其他技术融合更加紧密

（1）与物联网技术融合：无人机巡检技术将与物联网技术深度融合，实现输电线路设备的互联互通和智能化管理。通过在输电线路上安装各种物联网传感器，如温度传感器、应力传感器、位移传感器等，无人机可以实时采集这些传感器的数据，并与自身的巡检数据进行融合分析，更加全面地了解输电线路的运行状态，实现对线路设备的实时监测和远程控制。

（2）与虚拟现实（VR）/增强现实（AR）技术结合：借助 VR/AR 技术，巡检人员可以更加直观地查看无人机巡检数据和线路设备的状态。通过佩戴VR/AR 设备，巡检人员可以身临其境地查看无人机拍摄的高清图像和视频，对输电线路进行虚拟巡检，仿佛置身于巡检现场。这不仅可以提高巡检人员的工作效率和准确性，还可以为培训和教育提供更加生动、形象的手段。

1.4.2　机器人作业发展

1. 巡检作业方面

（1）自主化程度不断提高：未来的巡检机器人将具备更强的自主学习和自主决策能力，能够根据线路的特点和历史巡检数据，自动规划最优的巡检路径，自主识别和避开障碍物，实现真正意义上的全自主巡检。例如，通过深度学习算法，机器人可以对不同类型的障碍物进行识别和分类，并根据其位置和形状制定相应的避障策略，从而在复杂的输电线路环境中高效、稳定地运行。

（2）检测功能多样化：一方面，机器人搭载的检测设备将更加先进和多样化，除了现有的可见光摄像机、红外热成像仪、激光雷达测距仪等，还将集成高光谱成像仪、超声检测设备、电磁检测设备等，实现对输电线路的多维度、高精度检测。例如，高光谱成像仪可以检测绝缘子表面的污秽程度和材质老化情况，超声检测设备可以检测导线内部的损伤和缺陷，电磁检测设备可以检测金具的腐蚀和松动情况。另一方面，机器人将具备数据融合和分析能力，能够对多种检测数据进行综合处理和分析，提高故障识别的准确性和可靠性。

（3）集群协同巡检：多机器人集群协同巡检将成为未来的发展趋势。通过建立高效的通信网络和协同控制机制，多个机器人可以在同一输电线路上同时进行巡检作业，实现对线路的全方位、无死角覆盖。例如，在特高压输电线路的巡检中，可以部署多个不同类型的机器人，分别负责不同的巡检任务，如导线巡检、绝缘子巡检、杆塔巡检等，然后通过协同控制，实现信息共享和任务协作，提高巡检效率和质量。

2. 检修作业方面

（1）复杂检修任务能力提升：随着机器人技术的不断发展，其在输电线路检修作业中的应用范围将不断扩大，能够承担越来越复杂的检修任务。例如，除了目前常见的地线断股修补作业外，未来的机器人还将能够进行绝缘子更换、导线接续、金具更换等难度较高的检修作业，进一步减少人工检修的工作量和风险。

（2）高精度操作与控制：为了确保检修作业的质量和安全性，机器人需要具备高精度的操作和控制能力。未来的检修机器人将采用更加先进的机械臂和末端执行器，能够实现毫米级甚至更高精度的操作。例如，在绝缘子更换作业中，机器人可以通过精确的力控制和位置控制，将新的绝缘子准确地安装到指定位置，并确保安装的牢固性和可靠性。同时，机器人还将具备实时监测和反馈功能，能够在检修作业过程中对各项参数进行实时监测和调整，保证作业的顺利进行。

（3）与其他技术融合应用：检修机器人将与虚拟现实（Virtual Reality，VR）/增强现实（Augmented Reality，AR）技术、物联网技术等深度融合，为检修作业提供更加有力的支持。例如，通过 VR/AR 技术，检修人员可以远程操控机器人进行检修作业，并实时获取机器人的视觉和传感器信息，仿佛身临其境般地进行操作，提高检修的准确性和效率。物联网技术则可以实现机器人与输电线路设备的互联互通，使机器人能够实时获取设备的运行状态信息，为检修作业提供更加全面的数据支持。

3. 智能化管理与运维方面

（1）远程监控与诊断：借助高速通信网络，机器人在作业过程中的实时数据将能够更加稳定、快速地传输到后台监控中心，实现对机器人的远程实时监控和故障诊断。监控人员可以通过监控平台随时查看机器人的运行状态、巡检数据和检修进度，及时发现并处理机器人在作业过程中出现的异常情况。同时，利用大数据分析和人工智能技术，对机器人传输回来的海量数据进行深度挖掘和分析，实现对输电线路设备的智能诊断和状态评估，为预防性维护和检修提供科学依据。

（2）智能调度与优化：基于对输电线路运行状态和机器人作业情况的实时监测和分析，未来将能够实现机器人的智能调度和作业任务的优化分配。例如，根据线路的重要性、故障风险等级以及机器人的位置和状态，自动调度机器人对重点区域或高风险线路进行优先巡检和检修，提高电网的运行可靠性和安全性。同时，通过对机器人作业任务的合理分配和优化，提高机器人的利用率和作业效率，降低运维成本。

（3）寿命预测与可靠性评估：通过对机器人在长期作业过程中积累的数据进行分析，结合输电线路的运行环境和工况，建立机器人的寿命预测模型和可靠性评估体系。根据模型和体系，可以对机器人的剩余寿命和可靠性进行准确评估，提前制定机器人的维护和更新计划，确保机器人的正常运行和作业安全，避免因机器人故障而影响输电线路的检修工作。

2 无人机及机器人协同的架空输电线路智能检修关键技术

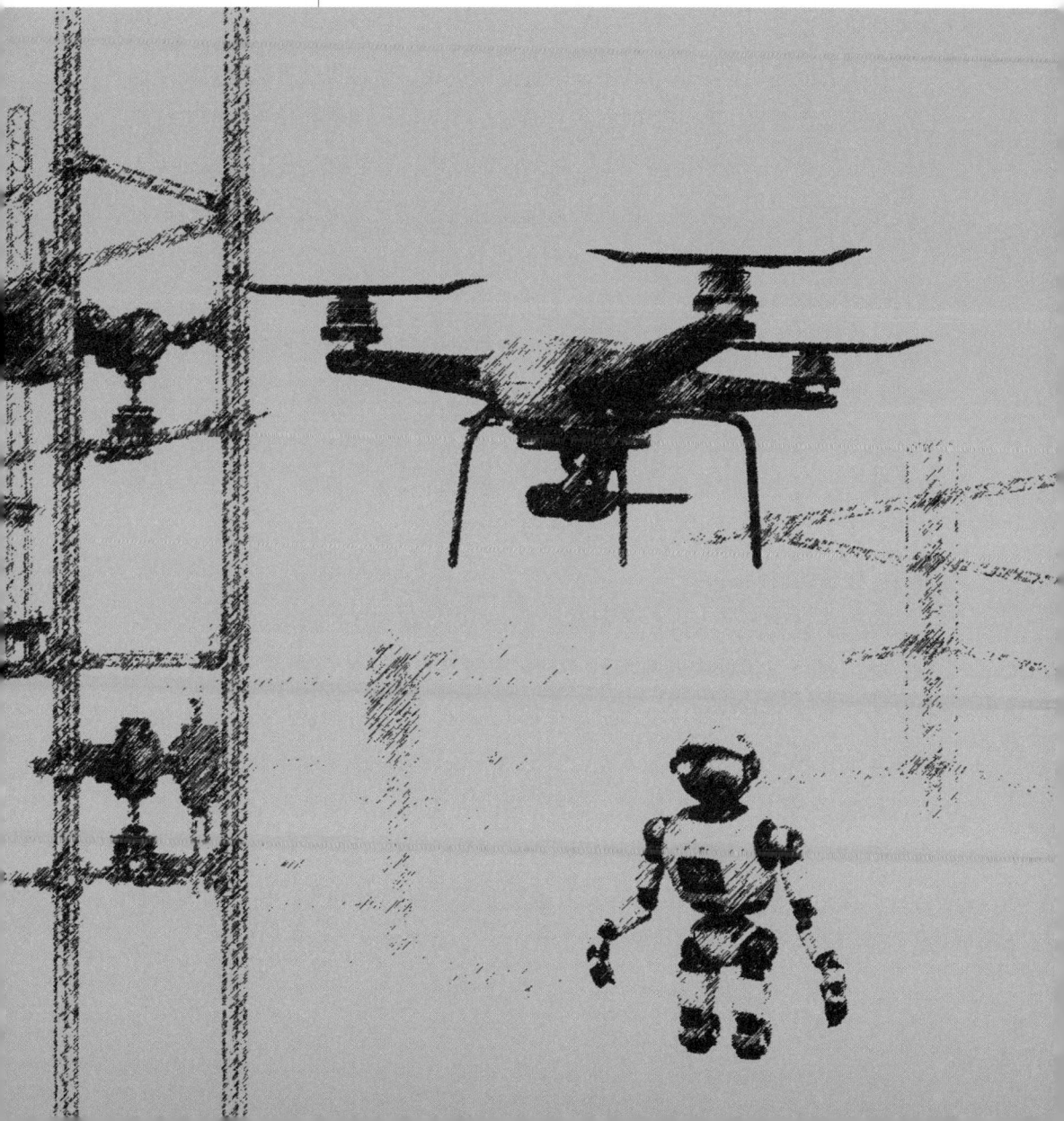

2.1　无人机吊挂飞行控制技术

无人机作为一种高度灵活且多功能的飞行平台，近年来在各个领域展现出了巨大的应用潜力。通过搭载不同的功能模块，无人机能够执行多样化的任务，包括但不限于航拍、通信中继、植保作业、货物运输以及物体抓取等。这些功能的实现，不仅极大地扩展了无人机的应用范围，也推动了相关技术的快速发展。

在无人机连接负载的方式中，固定连接负载、通过机械臂抓取负载及通过绳索吊挂负载是三种主要的方法，如图2-1所示。固定连接负载的方式虽然稳定，但受限于负载形状与无人机的匹配问题，且装卸过程通常需要无人机降落，影响了作业效率。通过机械臂抓取负载则更加灵活，但机械臂的设计、制造和维护成本较高，且对负载的形状和质量有一定要求。相比之下，通过绳索吊挂负载的方式则展现出了独特的优势。吊挂负载的方式没有复杂的连接装置，结构更加简单，这使得无人机能够轻松应对各种形状和尺寸的负载。更重要的是，这种方式无需考虑负载与无人机的匹配问题，大大增加了无人机的通用性和灵活性。此外，无人机无需降落即可进行负载的装卸，这在实际应用中意味着更高的作业效率和更低的成本。例如，在紧急救援场景中，无人机可以迅速吊挂并运输救援物资到指定地点，而无需降落，从而节省了宝贵的时间。

吊挂负载旋翼无人机在各种场景下的适用性得到了广泛验证。在农业领域，无人机可以吊挂农药喷洒器进行精准植保作业，不仅提高了喷洒效率，还减少了农药的浪费和环境污染。在物流行业，无人机吊挂货物运输系统正在逐步取代传统的地面运输方式，特别是在偏远地区或交通不便的地方，无人机运输展现出了巨大的优势。此外，在电力巡检、环境监测等领域，无人机吊挂负载技术也发挥着重要作用。

以电力巡检为例，传统的人工巡检方式不仅耗时耗力，还存在安全隐患。而采用无人机吊挂巡检设备的方式，可以实现对电力线路的快速、高效、安全巡检。相关数据显示，采用无人机巡检可以将巡检效率提高 50% 以上，同时降低人员安全风险。

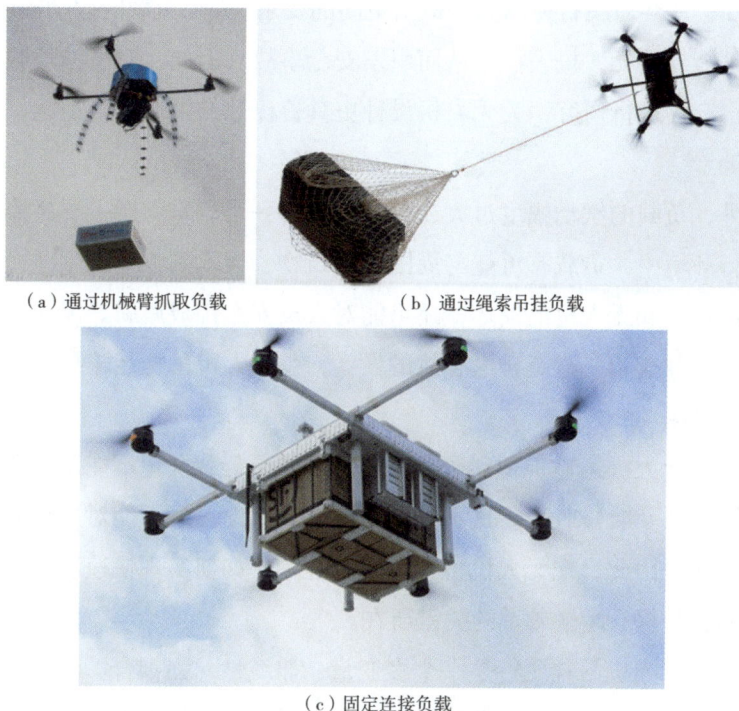

（a）通过机械臂抓取负载　　　　　（b）通过绳索吊挂负载

（c）固定连接负载

图 2-1　无人机吊挂负载示意图

2.1.1　吊挂负载飞行原理

四旋翼无人机作为现代航空技术的杰出代表，以其独特的飞行机制和广泛的应用前景，吸引了越来越多的关注。特别是在吊挂运输领域，四旋翼无人机展现出了巨大的潜力。然而，尽管这种技术具有诸多优势，如灵活性高、适应性强等，但在实际应用中，仍然面临着诸多亟待解决的问题。

四旋翼无人机本身是一个高度复杂的非线性系统，其飞行控制依赖于精确的动力学模型和复杂的控制算法。当悬绳和负载被加入到这一系统中时，系统的自由度将显著增加，从而进一步加大了控制的难度。这种复杂性不仅体现在飞行姿态的保持上，更体现在对负载动态特性的精确控制上。

在吊挂运输过程中，负载的摆动是一个不可忽视的问题。由于悬绳的柔性和负载的惯性，负载在飞行过程中会产生摆动，这种摆动不仅会影响机体的稳定性，还会对飞行控制算法提出更高的要求。如果负载的摆动幅度过大，甚至有可能导致无人机失控，从而引发安全事故。因此，对吊挂负载运输过程中的稳定性进行研究，为无人机设计更具鲁棒性的控制器，是确保飞行安全的关键。

此外，负载的摆动幅度过大还可能引发另一个严重问题——碰撞。在复杂的飞行环境中，负载有可能与周围的建筑物、树木等物体发生碰撞，这不仅会造成负载和无人机的损坏，还可能对人员安全构成威胁。因此，合理有效地控制负载摆角，避免碰撞事故的发生，是无人机吊挂运输技术中必须解决的一个难题。

另外，无人机运输货物到达目标点后，如果负载摆角不能及时消除，那么货物将无法及时被收取。这不仅会影响运输效率，还可能对后续的物流计划造成干扰。因此，在无人机吊挂运输过程中，如何实现快速、稳定的负载摆角控制，是提升运输效率的关键所在。

综上，无人机吊挂飞行是一个多变量、非线性、强耦合、时变、欠驱动的高阶耦合系统，是一个复杂的被控对象，无人机吊挂负载受力分析图如图2-2所示，其主要特点体现在以下几个方面：

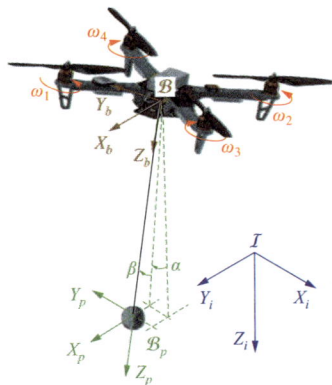

图2-2　无人机吊挂负载受力分析图

（1）建模难度大。对于无人平台柔性吊挂这样的多自由度复合结构的控制有着其自身特殊的技术难点，并不能通过无人机和垂吊物各自建模、控制与规划方法的简单组合来解决，而且很难建立精确的全机动力学模型，这对吊挂无人机控制系统的鲁棒性提出了极大的挑战。

（2）耦合特性严重。无人机本身存在严重的耦合，而吊绳和吊挂物的引入则改变了系统整体气动布局，进而加剧了耦合。

（3）全机动力学特性复杂。面向任务作业过程中无人机、垂吊物、降落目标相对运动，加之随机的环境扰动，使其产生复杂的全机动力学特性。使得垂吊物与降落地面接触过程中两者之间的作用力 / 力矩及随机的外力 / 力矩扰动将使系统动力学模型呈现较多不确定结构和参数。

2.1.2　无人机吊挂系统研究方向

随着科技的飞速发展，无人机吊挂系统正逐步成为物流、农业、紧急救援等多个领域的重要工具。这一技术的广泛应用，不仅提高了作业效率，还降低了人力成本，展现了巨大的市场潜力和社会价值。然而，要充分发挥无人机吊挂系统的潜力，还需克服一系列技术难题。目前，国内外针对四旋翼无人机吊挂系统的研究重点主要集中在以下几个方面：

（1）系统建模方法研究。四旋翼无人机吊挂系统的广泛应用使得人们对于其控制精度与控制目标的要求日益提高。一个精确的系统模型是设计高效控制算法的基础。在无人机吊挂系统中，由于引入了吊挂负载和悬绳，系统的动力学特性变得更为复杂，传统的建模方法已难以满足高精度控制的需求。因此，研究更为精确、全面的系统建模方法变得尤为重要。例如，国内某高校的研究团队提出了一种基于拉格朗日方程和牛顿 – 欧拉法的混合建模方法，该方法能够充分考虑吊挂负载和悬绳对系统动力学特性的影响，从而构建出更为精确的系统模型。通过该模型，研究人员能够更准确地预测系统的动态响应，为设计高效的控制算法提供了有力支持。同时，在设计控制器后，验证算法的有效性也需要用到系统模型。因此，一个准确的系统模型不仅能够提高控制算法的设计效率，还能够降低算法在实际应用中的调试成本。

（2）轨迹跟踪方法研究。四旋翼无人机本身是一个复杂非线性系统，在加入吊挂子系统后，系统的复杂度进一步增大。负载的摆动不仅会影响无人机的稳定性，还会增加轨迹跟踪的难度。在吊挂运输过程中，负载的摆动是很难避免的，因为环境因素的影响如风力、地面不平整等都可能引发摆动。为了保持四旋翼无人机的稳定性并实现精确轨迹跟踪，国内外研究人员提出了多种轨迹跟踪方法。例如，基于视觉伺服的轨迹跟踪方法能够通过摄像头实时捕捉目标位置，并根据目标位置与当前位置的偏差来调整无人机的飞行轨迹。这种方法具有较高的精度和鲁棒性，但计算量较大，对处理器的性能要求较高。另一种方法是基于模型预测控制的轨迹跟踪方法。该方法通过预测系统未来的动态响应，并根据预测结果来制定控制策略。这种方法能够在一定程度上抑制负载的摆动，提高无人机的稳定性。然而，模型预测控制方法的计算复杂度较高，且对系统模型的准确性要求较高。

（3）摆角控制方法研究。在四旋翼无人机吊挂系统中，由于吊挂子系统的欠驱动性，负载无法通过自身实现位置和姿态的控制。当无人机的速度和加速度发生改变时，悬绳对负载的拉力方向也会发生变化，导致负载在机体下方的锥形钟摆范围内来回摆动。这种摆动不仅会影响无人机的稳定性，还会降低运输效率。为了有效控制负载的摆角，国内外研究人员提出了多种摆角控制方法。其中，基于比例－积分－微分（Proportional–Integral–Derivative，PID）控制的摆角控制方法是一种较为常见的方法。该方法通过调整无人机的飞行姿态和速度来抑制负载的摆动。然而，PID控制方法对于非线性系统的控制效果有限，且参数调整较为复杂。近年来，随着人工智能技术的发展，基于深度学习的摆角控制方法逐渐受到关注。这种方法通过训练神经网络来预测负载的摆动规律，并根据预测结果来制定控制策略。实验表明，基于深度学习的摆角控制方法具有较高的控制精度和鲁棒性，且能够自适应地调整控制参数，以适应不同的飞行环境和负载条件。

2.1.3 无人机吊挂技术局限性

当前，在探索旋翼无人机系统在物流运输、灾害救援等领域的应用潜力时，科研人员正着手在无人机上安装简易吊取装置，以此作为验证整个无人机吊挂运输概念基本可行性的初步尝试。然而，在实际操作中，无人机吊挂飞行时负载的摆动问题成为影响飞行稳定性的关键因素。这种摆动不仅源自吊挂负载的物理特性，还受到风切变、气流扰动等复杂环境因素的放大效应，使得柔性吊挂系统因其高度的复合自由度而面临独特的控制挑战。与现有的、已具备作业能力的其他无人平台系统相比，旋翼无人机吊挂系统在控制策略上的复杂性尤为突出，且这些难题无法通过简单地将旋翼无人机和吊挂系统各自的建模、规划与控制方法加以组合来有效解决。正因如此，该领域的研究正日益成为无人机技术发展中的一个新兴热点，吸引着众多研究机构与学者的关注。遗憾的是，尽管研究热度不断攀升，系统性、理论性的研究成果却仍然稀缺，尚未形成一套完整、高效的控制理论体系。

当前已有的规划与控制方法，虽然在某些特定场景下展现出了一定的鲁棒性或自适应性，如对某些模型不确定性参数的容忍度，或是能够应对单纯的外界干扰，但其局限性也十分明显。特别是在处理动力学模型的不确定性时，这些方法往往力不从心。动力学模型的不确定性并非表面现象，而是深入到模型结构本身，这意味着即便是最先进的无人机自主控制系统，在面对这类深层次的不确定性时，也难以保证良好的控制性能。具体而言，国内外在相关研究过程中遇到的局限性主要体现在以下几个方面：

（1）线性化处理局限性。一些现有的控制策略试图通过线性化处理来简化无人机吊挂空运系统的动态特性，但这种简化往往以牺牲非平衡点处的稳定性和控制性能为代价。在实际飞行中，无人机和吊挂负载的组合系统经常需要在非平衡状态下运行，此时线性化模型的适用性将大打折扣。

（2）模型简化过度。部分控制方法在处理系统参数未知的问题时，选择了对被控模型进行过度简化，如忽略或严重低估无人机在飞行过程中所受的空气阻力作用。这种简化虽然能降低计算复杂度，但也可能导致控制策略在实际应用中的失效，尤其是在高速飞行或复杂环境条件下。

（3）理论与实验脱节。一部分控制策略虽然理论上看似可行，但缺乏严格的稳定性分析证明，或者未能通过实际飞行实验进行验证。缺乏实验数据的支持，使得这些策略的实际应用效果仍存在较大不确定性。例如，某研究机构开发了一套基于预测控制的无人机吊挂系统，虽然在仿真环境中表现良好，但在实际飞行测试中却因未充分考虑环境因素的影响而未能达到预期效果。

2.2　无人机定位技术

总的来说，无人机根据所处环境与工作场景的不同，有如下的几种主要定位方式：①在户外正常飞行的情况下，无人机主要通过卫星导航系统如全球导航卫星系统（Global Navigation Satellite System，GNSS）实现自身定位；②在室内或者卫星信号微弱的情况下，无人机主要通过视觉定位系统来保持飞行状态，在这种情况下无法得到具体的坐标位置；③在测绘或者对精度要求比较高的场景中，无人机通常采用实时动态测量技术（Real Time Kinematic，RTK），通过网络 RTK 或者自定义 RTK 实现高精度定位；④除此之外还有多种导航定位控制模块结合使用形成的定位系统和辅助定位技术等。

2.2.1　GNSS 定位技术

GNSS 由卫星、地面站和接收机组成，来提供全球范围内的高精度定位服务，这种方法通过三角定位原理算出接收机即无人机在地球表面的三维坐标来完成对无人机的定位，在较早的时候也被称为 GPS（Global Positioning System）。GPS 是 20 世纪 90 年代美国建立的第一个全球卫星定位系统的简称，到现在许多国家和地区也都建立了自己独立的系统，包括中国自主建设运行的北斗卫星导航系统和俄罗斯、欧盟的导航系统。目前常用的无人机和移动设备的导航系统通常都是多模的，因此再用 GPS 称呼全球导航系统已经不够准确了。GNSS 的卫星空间部分由至少 24 颗卫星组成，这样可以在全球范围内都可以观测到四颗以上卫星。卫星导航系统示意图如图 2-3 所示。

图 2-3　卫星导航系统示意图

1. 北斗卫星导航系统

北斗卫星导航系统（BeiDou Navigation Satellite System，BDS）是中国自行研制的全球卫星导航系统，也是世界范围内第三个成熟的卫星导航系统。北斗卫星导航系统由空间段、地面段和用户段三部分组成，在全球范围内可以随时随地为用户提供高精度高可靠的导航和定位功能。该系统由 3 颗地球静止轨道卫星、3 颗倾斜地球同步轨道卫星和 24 颗中圆地球轨道卫星组成完整的星座，未来导航系统可能会计划发射更多的卫星来进一步强化星座，确保系统的稳定运行。空间段由 30 颗卫星组合形成混合导航星座，地面段包括控制站、监测站等各种地面站点，用户端即为兼容 BDS 的各种系统芯片、模块和天线等终端产品。

BDS 空间段采用了三种轨道卫星组成的混合星座，相较于其他卫星系统来说，高轨卫星更多，抗遮挡能力强，在低纬度地区性能特点表现比较优秀。可以提供多个频点的导航信号，通过多频信号的组合使用提高服务精度，同时 BDS 创新融合了导航和通信能力，除了实时导航和快速定位外也可以进行精确授时、位置报告和短报文通信的功能。目前，在北斗系统提供服务以来，已经在各种领域内得到了广泛应用，融入了国家核心基础设施，产生了显著的经济效益和社会效益。

2.GNSS 定位原理

在能观测到多颗导航卫星的情况下，分布在太空轨道的卫星作为已知点，接收机的坐标作为未知点，通过卫星信号发送到地面接收机上的时间差来计算距离（光速与时间的乘积），此时，接收机的坐标为三个未知数，根据已知点卫星的坐标和已知点到接收机的距离即可列出方程组。理论上，当一个接收机接收到三个以上的卫星信号时，就能演算出其坐标。

事实上这只是理想情况，在实际情况下接收机的时钟相较于标准时间会产生一定的误差，在长距离的情况下，1μs 的误差会产生的测距差距可达 300m，因此在计算坐标的过程中也要考虑到另一个未知数时钟差，所以需要多接收一颗卫星的数据即四个卫星信号才能得到准确的定位坐标。四星定位示意图如图 2-4 所示。

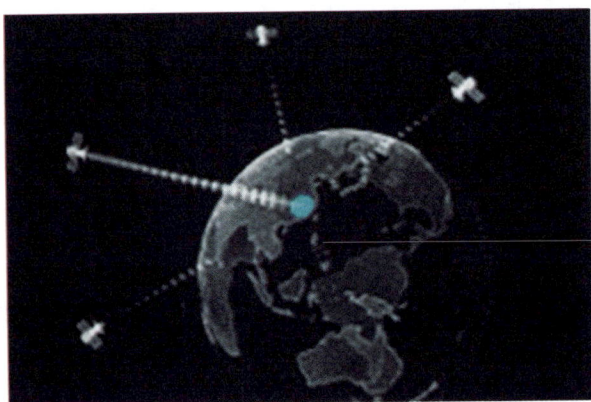

图 2-4　四星定位示意图

GNSS 定位技术理论上同时接收的卫星导航数据越多定位精度就越高，但是由于完全依赖于卫星的单向广播，可能会面临地面信号弱和卫星信号易被干扰的情况，从而影响定位的精度或者定位功能的正常作用，由此也可以看出多卫星协同的北斗系统的优越之处。

3.GNSS 定位特点

（1）全球覆盖：GNSS 系统可以在全球范围内提供定位服务，只要能接收到足够数量卫星的信号，就可以在地球的大部分区域进行定位，包括海洋、沙漠、山区等偏远地区。

（2）全天候工作：不受天气条件的限制，无论是晴天、阴天还是雨雪天气，都能够正常工作。不过，在一些极端天气条件下，如强电磁干扰环境或信号遮挡严重的区域（如山谷、城市高楼密集区），定位精度可能会受到一定影响。

（3）定位精度有差异：其定位精度一般在数米到数十米之间，具体精度受到卫星信号质量、接收机性能、周围环境等多种因素的影响。例如，在开阔地带且卫星信号良好的情况下，精度可以达到较高水平；而在建筑物密集的城市区域，由于信号反射和遮挡，精度会下降。

（4）应用广泛：在交通领域，用于车辆导航、船舶导航等；在测绘领域，可进行基础地理信息数据采集；在农业领域，用于精准农业中的农机定位等；在户外运动中，如登山、徒步旅行等活动中帮助人们确定位置。

2.2.2 RTK 定位技术

1. RTK 技术原理

RTK 又称为载波相位差分技术，这是一种能实时提供观测点的三维坐标，可以在野外得到厘米级定位精度的新的测量方法。RTK 中有两个重要概念：固定站（参考站）和移动站。固定站就是固定在地面上为移动站提供参考基准的基站，移动站是进行作业的设备，移动站使用固定站发送的差分数据进行 RTK 精准定位，在这里无人机即为移动站，配合卫星信号来完成三维坐标的测量。

RTK 是以载波相位观测为根据的实时差分 GPS 技术，它由三部分组成，包括基准站接收机、数据链和移动站接收机。在基准站中有接收机作为参考站，对卫星进行连续观测，并且把观测数据和自身的信息通过无线电传输给移动站，移动站接收 GPS 卫星信号和基准站传输的数据，然后根据相对定位的原理，实时解算出二维坐标及其精度，计算原理即通过两站之间的坐标差与基准坐标得到点的 WGS-84 坐标，再由转换得到具体的定位位置。常规RTK 系统如图 2-5 所示。

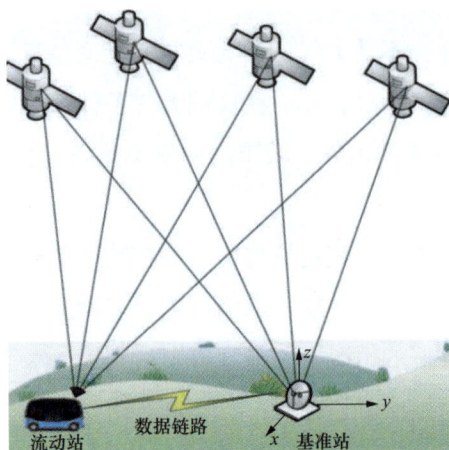

图 2-5　常规 RTK 系统

2. RTK 定位特点

（1）高精度定位：RTK 定位技术的最大优势就是其高精度，能够达到厘米级甚至毫米级的定位精度。这使得它在需要高精度定位的领域，如高精度测绘、工程施工（如建筑施工中的放样、道路桥梁的精确铺设）等有着不可替代的作用。

（2）实时性强："实时动态"体现了它能够实时提供高精度的定位结果。在一些需要实时获取精确位置信息的场景下，如自动化施工设备的导航、无人驾驶车辆的精确控制等，这种实时性非常关键。

（3）有效范围受限：RTK 定位的有效范围一般相对较小，主要取决于基准站和移动站之间的数据通信质量和距离。通常情况下，基准站和移动站之间的距离最好在十几公里以内，超过这个范围，由于信号传输延迟、误差累积等因素，定位精度会逐渐下降。

（4）对环境要求高：RTK 定位技术对环境要求比较高，需要有较好的卫星信号接收条件，并且通信链路（如电台通信或网络通信）要稳定。在信号遮挡严重或者电磁干扰较强的环境中，其性能会受到影响，比如在城市高楼林立的区域或者山区等复杂地形环境下，可能会出现信号中断或者精度降低的情况。

2.2.3　基于自身传感器的视觉定位技术

1. 定位原理

（1）视觉特征提取与匹配：无人机上的摄像头捕捉环境图像，通过图像处理算法识别并提取出图像中的特征点（如角点、边缘等），在连续的图像帧间进行特征匹配，通过分析特征点的相对位移，计算出无人机的相对运动（位移和旋转）。

（2）视觉惯性融合：视觉定位与惯性导航系统（Inertial Measurement Unit，IMU）数据融合，视觉 SLAM 框架如图 2-6 所示，IMU 提供高频率的动态信息，而视觉提供精确的位置和环境信息，两者结合可以有效抑制累积误差，实现更加稳定可靠的定位。

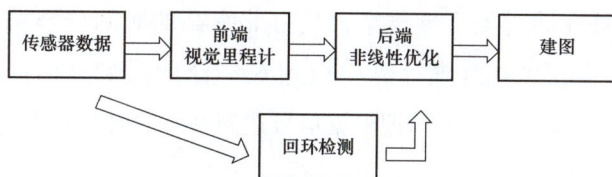

图 2-6　视觉 SLAM 框架

2. 定位特点

（1）环境适应性：适用于多种室内环境，包括结构化和非结构化环境，但对环境光照条件有一定要求。

（2）成本与功耗：相较于激光雷达等高端定位系统，视觉定位系统成本较低，但对处理器要求较高，可能影响功耗。

2.2.4　基于 UWB 室内高精度定位技术

采用 UWB 室内高精度定位需要在室内空间安装多个基站，对基于信号传播时间的测量方法、基于信号强度的测量方法或基于信号到达角度的测量方法在使用场景下的定位精度进行评估，获得标签到各个基站的距离，计算出定位坐标。在使用三个基站时，会出现无法判定标签在基站上方还是下方的情况，在实际使用中不少于四个基站进行定位导航，室内基站空间布局如图 2-7 所示。

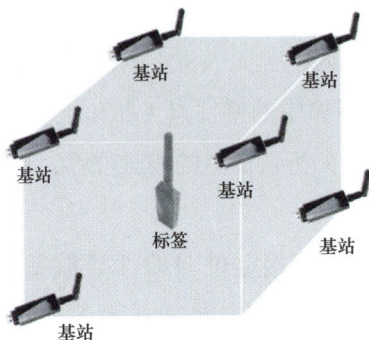

图 2-7　室内基站空间布局

1. 定位原理

UWB 信号脉冲时域宽度极窄，具有非常高的时间分辨率，天然适合高精度定位。在 UWB 位置计算中应用最广泛的是到达时间差法（Time Difference of Arrival，TDOA），即根据信号达到基站的时间差来进行定位，其原理如图 2-8 所示。

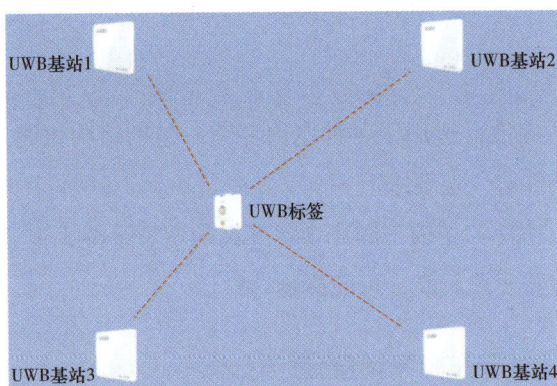

图 2-8　定位原理图

UWB 定位标签是可移动的被定位目标，其向周围发送纳秒级的脉冲信号，固定安装在周围的 UWB 基站接收并测量上述脉冲信号，经过滤波、滑动相关等运算，各自计算得到脉冲信号的到达时刻等定位测量信息。

2. 定位特点

（1）高精度定位：UWB 定位技术能够提供厘米级甚至更高精度的定位，在室内环境中，无人机可借此实现精准的位置确定，满足如室内物流运输、精准农业等对定位精度要求苛刻的应用场景需求。

（2）抗干扰性强：UWB 使用超宽带脉冲信号传输数据，其频段宽，信号强度低且与其他无线电设备干扰少，具有很好的抗干扰能力，在复杂的室内电磁环境中，如存在大量 Wi-Fi、蓝牙等信号的场所，仍能稳定工作，确保无人机定位的准确性不受影响。

（3）穿透力强与绕射性好：UWB 信号具有较强的穿透力和绕射能力，能够在一定程度上穿透墙壁、障碍物等，在室内复杂布局和存在遮挡的情况下，依然可以有效传输信号，使无人机在非视距环境下也能较好地实现定位，增强了其在室内环境中的适应性。

（4）低功耗：UWB 采用间歇性脉冲发送数据，脉冲持续时间极短，一般为 0.20~1.5ns，占空比很小，系统功耗极低，民用 UWB 设备的功耗一般仅为传统手机所需功率的 1/100、蓝牙设备所需功率的 1/20 左右，延长了无人机的续航时间，有利于其在室内长时间执行任务。

（5）安全性高：UWB 信号的功率密度低，且具有类似白噪声的特性，难以被截获和破解，同时可结合加密技术进一步保障数据的安全性和隐私性，确保无人机的定位信息不被泄露和篡改，适用于对数据安全要求较高的场景。

（6）实时性好：能够快速地进行信号传输和数据处理，以较高的频率实时更新无人机的位置信息，一般可达到每秒数次甚至更高的更新速率，使无人机在室内高速飞行或执行快速机动动作时，也能及时获取准确的位置反馈，从而实现精准的飞行控制和路径规划。

（7）大容量与多标签识别：UWB 系统的带宽通常在 1GHz 以上，甚至高达数 GHz，使得大量的定位标签能够在同一时间内工作，系统容量大，可容纳数百或数千个定位标签同时工作，便于对多架无人机进行同时定位和管理，适用于集群作业等场景。

（8）系统复杂度低：UWB 室内定位系统的基础设施部署相对简单，无需大量复杂的基站设备和繁琐的布线，降低了系统的建设成本和复杂度，同时也便于后期的维护和扩展。

（9）多功能扩展性：基于 UWB 的高精度定位功能，无人机还可与其他技术或设备集成，实现更多的功能扩展，如与传感器融合进行环境数据采集、与通信设备结合实现数据传输与控制等，为室内应用提供更全面的解决方案。

2.2.5　基于激光雷达 SLAM 定位技术

室内激光雷达 SLAM 技术结合了传感器融合、机器学习等多种先进技术，通过不断收集环境信息，实时构建室内地图，并实现高精度定位。其核心原理在于利用激光点云传感器获取室内环境的特征信息，并结合算法进行数据处理和特征匹配，从而确定设备在室内的准确位置。基于激光雷达 SLAM 室内无人机飞行示意图如图 2-9 所示。

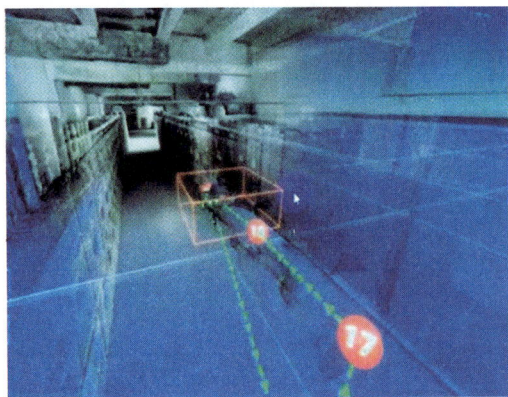

图 2-9　基于激光雷达 SLAM 室内无人机飞行示意图

1. 定位原理

激光雷达 SLAM 定位技术是一种同时实现定位和建图的方法，它利用无人机的激光点云获取环境信息，并通过对点云数据处理和分析，实现自主定位和三维环境地图的构建。它的基本原理是根据连续激光点云数据的特征匹配实现定位和建图。具体来说，激光雷达 SLAM 技术主要涉及以下三个方面：

（1）室内定位。无人机通过自身的传感器获取环境信息，利用这些信息推断出自身在环境中的位置。这个过程类似于人类通过视觉、听觉等感官信息判断自己在空间中的位置。

（2）地图构建。无人机在定位的同时，根据获取的环境信息构建出周围环境的地图。

（3）室内导航。在室内环境中，无人机利用激光雷达 SLAM 技术完成自我定位和地图构建，从而实现室内导航。

2. 定位特点

（1）动态环境适应性较高。能够迅速适应环境变化，及时更新地图信息，准确识别并处理新增障碍物与移除情况，如行人、阻挡杂物等，从而有效实现动态避障，提升整体运行效率与安全性。

（2）特征识别。通过点云特征点云分析，如角点、边缘，实现环境特征识别与匹配，利于回环检测，提高定位连续性。

（3）融合能力强。易于与其他传感器数据（如 IMU、视觉）融合，多源信息提升定位稳健性和地图精度。

（4）高精度定位。激光雷达能够精确测量周围物体的距离和位置信息，生成高精度的点云数据，从而实现无人机的厘米级甚至更高精度的定位，为无人机在复杂环境中的精确飞行和操作提供有力支持，如在室内巡检、狭小空间作业等场景中，可使无人机准确到达指定位置。

（5）可探测范围广。一般的激光雷达具有较宽的扫描角度和较远的探测距离，能够快速获取大面积的环境信息，使无人机在飞行过程中可以提前感知到较远处的障碍物和地形变化，有利于进行更高效的路径规划和避障决策，适用于大范围的地理信息采集、巡检等任务。

2.2.6　辅助定位技术

1. 技术原理

在无人机的飞行控制系统中，也包含着专用于测量和定位相关的模块，惯性测量单元（Inertial Measurement Unit，IMU）包括加速度计、角速度计和气压高度计传感器，在检测出无人机在三维空间中的加速度和角速度的情况下解算出本机的位姿，同时对大气压强的测量可以保障无人机飞行高度的稳定。

无人机也装载了磁罗盘，也被称为指南针，利用地磁场固有的特性来给无人机提供方向上的判断，通过测量水平航向、机身俯仰等数据，来给无人机姿态的判断做一定的辅助，由于地球磁场是相对固定的，磁罗盘带来的数据相对准确。

如图 2-10 所示，利用 GNSS、气压计、磁罗盘等模块中的一个或几个与 IMU 惯性测量单元一起协作，形成的综合定位导航系统称为组合导航，在这种系统中一般以惯性导航系统为主，因为 IMU 能提供大量的导航参数，包括自身信息和位姿等信息参数。只依赖惯性测量单元的话，无人机虽然可以正常飞行，但是无法确定自身确切所在目标，只能在保持平衡的情况下不断漂移，在加入 GNSS 的情况下就可以很好地解决这个问题。

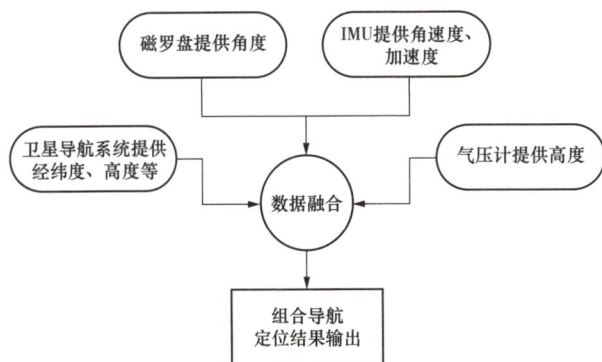

图 2-10　组合导航的数据融合

惯性测量单元可以获得加速度，但是无法单独得出自身所处的具体高度，GNSS 虽然能提供准确的经纬度，但是在高度的测量上也存在一定的误差，在加入气压计的情况下，对于机器所处的高度的数值就有了比较准确的判断。同样的，惯性测量单元和磁罗盘的共同作用也可以确保方向测量上的准确。

现代无人机通过这样的系统，可以识别并且修正依赖单一导航方法带来的误差，从而得到更加精准稳定的定位信息，这样的组合也保证了无人机在面临某个导航系统故障或性能下降时，依然能保持一定的定位能力。

2. 技术特点

（1）灵活性与机动性。无人机体积小巧、质量轻，能够快速部署到不同的区域进行定位作业，可轻松进入一些狭小空间或难以到达的地方，如山区峡谷、城市高楼间等，极大地拓展了定位的范围和场景。

（2）广域覆盖性。借助无人机的飞行能力，其定位范围不再局限于地面固定设备的监测区域。它可以在较大的区域内进行移动定位，对广阔的地理区域、大型基础设施或分散的目标群体进行全面的定位监测与数据采集，实现高效的广域覆盖定位作业。

（3）低成本高效益。相比传统的大型固定定位设备或大规模人力定位方式，无人机辅助定位在特定场景下可显著降低成本。无人机本身的购置、运营和维护成本相对较低，且能够快速获取大量的定位数据，提高了定位工作的效率，在大面积的地理信息采集、基础设施巡检定位等工作中能体现出较高的性价比。

（4）多功能集成性。除了定位功能外，无人机还可集成多种其他功能模块，如数据采集传感器（图像、视频、气象等）、通信中继设备等。在定位的同时能够同步进行相关数据的采集与传输，实现"一站式"的综合作业服务，为多领域的应用提供更丰富全面的数据支持与功能拓展。

2.3 无人机通信技术

2.3.1 通信链路

通信链路主要用于无人机传输控制和必要的通信，是无人机与操作台之间沟通的桥梁。通信链路主要由地面端和天空端组成，地面端需要把控制信号和指令发送给天空端即无人机，无人机需要将自身状态以及所执行的任务等信息发送到地面。无人机通信链路如图 2-11 所示。

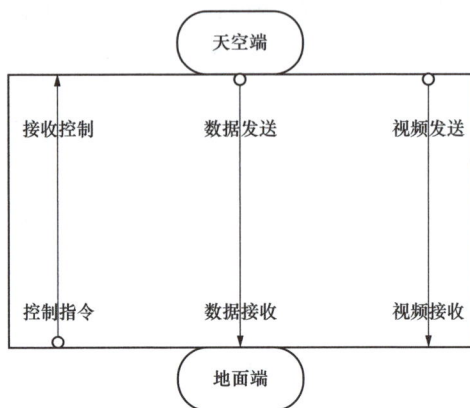

图 2-11　无人机通信链路

在比较简单的航模无人机当中，地面与无人机的通信通常是单向的，在这种情况下通信链路只有一条，地面发射信号，无人机接收信号并且完成相应的动作或者指令，地面的部分称为发射机，而无人机称为接收机。现在比较复杂的无人机通常要求不仅能接受控制，还需要返回当前的飞行状态以及任务设备的工作状态，要求地面端可以接收无人机发送的数据，这种情况下就会有第二条通信链路为数据传输提供服务。同时许多无人机搭载了摄像头可以拍摄并且提供实时图像画面，方便地面站了解无人机目前的飞行情况或者完成拍摄等任务，在这种情况下也会有专用的图像传输链路。

总的来说无人机的通信链路分为以下几种：

（1）控制通信链路。地面控制端发送控制信号给天空端，地面控制端与无人机之间通过无线通信技术实现实时的控制信号传输。地面控制端负责发送飞行指令和参数设置等控制信号，无人机上的接收模块接收到这些信号后进行解析并执行相应的操作，以确保无人机在飞行过程中能够按照预设的轨迹和参数进行运动。

（2）数据通信链路。无人机发送数据，地面端接收数据，获得无人机飞行状态等信息。地面控制端接收并解析无人机传输来的各种数据信息，从而实时获取无人机的位置、速度、姿态、电量等关键飞行参数，以及对机载传感器采集的环境数据进行处理和分析。

（3）图像通信链路。无人机将拍摄到的图像等信息传输给地面。无人机搭载的摄像头或其他图像采集设备在飞行过程中捕捉到实时画面，并通过无线通信链路将图像数据实时传输至地面站。地面端接收到图像数据后，可以实时显示无人机视角下的画面，同时还可以进行后续的图像处理、识别分析等任务。这种双向的通信链路设计使得操作人员能够直观地了解并控制无人机的飞行状态，以及获取高清的地面目标信息，极大地提高了远程操控的便捷性和准确性。

2.3.2 常用通信设备

1. 遥控器和接收机

（1）遥控器。无人机遥控器是地面操作人员用于向无人机发送控制指令的设备。它的核心原理是通过操纵杆、按钮等控制部件改变内部电路的电信号。例如，操纵杆的位移会转化为相应的电压或脉冲信号变化。这些信号经过编码和调制后，以无线电波的形式发送出去。一般采用 2.4GHz 或其他频段的射频信号进行传输。当操作人员推动操纵杆控制无人机的上升、下降、前进、后退等动作时，实际上是在改变遥控器发射信号的特征，从而实现对无人机飞行姿态和动作的控制。无人机遥控器组成部分包括：

1）操纵杆。是无人机遥控器最关键的部件之一。通常有两个操纵杆，一个用于控制无人机的升降和旋转（俯仰和偏航），另一个用于控制无人机的前后左右平移（横滚和前后飞行）。操纵杆的行程和灵敏度可以根据用户的需求进行调整，以实现精准的飞行控制。

2）按钮和开关。包括起飞 / 降落按钮、返航按钮、模式切换开关等。起飞 / 降落按钮可以方便地让无人机起飞或降落；返航按钮用于在紧急情况或任务完成后，使无人机自动返回起飞点；模式切换开关可以让无人机在不同的飞行模式（如手动模式、自动模式、姿态模式等）之间进行转换。

3）显示屏。部分高端遥控器配备有显示屏，用于显示无人机的各种信息，如电量、信号强度、飞行模式、飞行参数（高度、速度、距离等）等。

操作人员可以通过显示屏实时了解无人机的状态，方便做出合理的飞行决策。

4）天线。用于发射和接收无线电信号。天线的类型和性能会影响信号的传输距离和稳定性。一般采用全向天线，能够在各个方向上有效地发送和接收信号，确保无人机在不同的飞行方向和位置都能接收到控制指令。

（2）接收机。无人机接收机安装在无人机上，其主要功能是接收遥控器发出的无线电信号，并将信号进行解调、解码，还原出原始的控制指令，然后将这些指令传递给无人机的飞行控制系统。接收机的工作过程与遥控器的发射过程是相对应的。例如，当接收机接收到遥控器发送的代表无人机上升的射频信号后，通过一系列的处理，将其转化为飞行控制系统能够识别的电信号，从而使无人机执行上升的动作。无人机接收机组成部分包括：

1）天线。同样是接收机的重要组成部分，用于接收遥控器发送的无线电信号。和遥控器天线类似，一般也采用全向天线，以确保能够从各个方向接收到信号。不过，为了适应无人机的小型化和轻量化要求，接收机天线通常设计得更加小巧紧凑。

2）射频前端。主要负责对接收的射频信号进行初步的放大、滤波和下变频等处理。放大信号可以提高信号的强度，便于后续的处理；滤波用于去除不需要的干扰信号和噪声；下变频则是将高频的射频信号转换为较低频率的中频信号，以便后续的解调等处理。

3）解调器和解码器。解调器用于从接收到的调制信号中恢复出原始的基带信号，解码器则是对基带信号进行解码，将其转化为飞行控制系统能够理解的指令格式。例如，如果遥控器采用了某种特定的编码方式（如 PPM – 脉冲位置调制或 SBUS – 串行总线协议）来发送控制指令，接收机的解码器就需要能够正确地解出这些指令。

4）接口电路。将解码后的控制指令通过合适的接口（如 SPI 接口、UART 接口等）传输给无人机的飞行控制系统。接口电路需要保证信号传输的速度和准确性，以确保无人机能够及时、准确地执行控制指令。

无人机遥控器和接收机如图 2-12 所示。

图 2-12　无人机遥控器和接收机

2. 无线电数传电台

无人机无线电数传电台是一种用于无人机和地面站之间进行数字数据传输的无线通信设备。它的基本原理是将需要传输的数字信号（如无人机的飞行状态数据、控制指令等）调制到射频载波信号上，通过天线发射出去。在接收端，通过天线接收信号后，再经过解调等处理过程，将原始数字信号恢复出来。例如，在简单的频移键控（FSK）调制方式中，数字信号的"0"和"1"分别对应不同频率的载波信号，接收端根据接收到的信号频率来判断是"0"还是"1"，从而恢复数字信号。无人机无线电数传电台如图 2-13 所示。

图 2-13　无人机无线电数传电台

3. 图传设备

无人机图传设备是用于将无人机在空中拍摄到的图像（包括照片和视频）或其他视觉信息传输到地面接收设备的装置。其主要功能是实现图像数据的实时、远距离传输，让地面操作人员能够直观地看到无人机视角下的画面，从而更好地进行飞行操作、数据采集和任务监控等工作。例如，在航拍领域，通过图传设备可以将无人机拍摄的壮丽风景画面传输到地面的显示屏上，方便摄影师根据画面构图等因素调整无人机飞行姿态；在安防监控中，图传设备能够将监控现场的实时图像传送给安保人员，使其及时发现异常情况。

图传设备工作原理为：

（1）图像采集。首先由无人机上搭载的摄像头等图像采集设备获取视觉信息，这些设备将光学信号转换为电信号或数字信号。例如，常见的CCD（电荷耦合器件）或CMOS（互补金属氧化物半导体）摄像头，通过感光元件将光线强度等信息转化为数字图像数据，其分辨率、帧率等参数决定了图像的质量和流畅性。

（2）信号调制与发射。采集到的图像信号经过处理后，在图传设备的发射端被调制到射频载波信号上。调制方式有多种，如模拟调制中的调幅（AM）、调频（FM），以及数字调制中的正交频分复用（OFDM）等。OFDM技术在数字图传中应用较为广泛，它可以将高速的数据流分解为多个低速的子数据流，在多个相互正交的子载波上同时进行传输，能够有效提高频谱利用率和抗干扰能力。调制后的信号通过天线发射出去，天线的性能（如增益、方向性等）会影响信号的发射强度和覆盖范围。

（3）信号接收与解调。在地面接收端，天线接收到射频信号后，经过放大、滤波等预处理步骤，然后通过解调器将调制信号恢复为原始的图像信号。对于数字图传，还需要进行解码、解压缩等操作，以还原出高质量的图像数据。最后，将图像数据传输到显示设备（如显示屏、监视器等）进行显示。

无人机图传设备如图2-14所示。

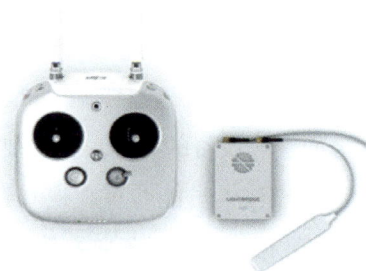

图2-14　无人机图传设备

2.3.3 无人机实时通信原理

无人机和地面站或者遥控器之间的传输是端到端的无线传输。通信过程主要经过编码、调制、传输、解调、解码的步骤。在此过程中，无人机将拍摄的内容或者自身信息通过编码器进行二进制编码，将二进制码调制为高频载波通过天线发射出去，在传输的过程中可能会受到一定的干扰，接收端在接收的过程中过滤掉其他电磁波，只保留特定的通信频段的信号，将信号过滤放大后进行解调，在解码之后即可得到无人机传输的内容。无人机实时通信过程如图 2-15 所示。

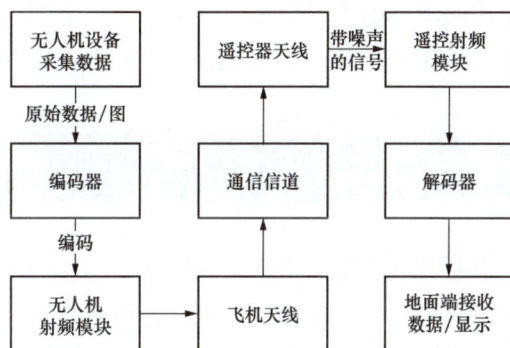

图 2-15　无人机实时通信过程

无人机也可以通过 4G/5G 公网等通信系统进行远距离信息的传输，将图像、视频或者自身各类数据实时传输给地面站点。在此过程中也可以根据当前通信链路质量进行传输决策的判断。

2.3.4 无人机离线通信

部分需要无人机工作的情况下，工作环境可能比较复杂，在野外或者其他恶劣的条件下，4G/5G 公网可能无法覆盖，其他网络通信也无法满足通信需求的情况下可以采用离线通信的技术。

离线通信状态下，无人机所需要执行的指令和任务被存在特定的数据库中，机体依赖定位系统等实现自主飞行和避障，在不接受人为干预的情况下完成拍摄或者巡检等飞行任务。在完成任务后无人机会自主返航，在运行到通信信号覆盖的区域内时会恢复通信，完成数据的传输过程。

除此之外，还有用于信号增强的通信方式，包括地基增强和天基增强，主要是为了扩大通信覆盖范围，增强信号稳定性和提高数据传输效率。其中地基增强一般是增加部署在地面上的技术设备，增强无人机与地面站之间的通信连接，通过中继设备等扩展无人机的通信范围、增强通信信号的稳定性和可靠性，也能支持无人机在更广泛的区域内进行长距离飞行和作业。天基增强涉及通过在太空中部署卫星或者其他空间平台上的通信设备来增强通信能力，通过这些卫星可以提供更高的数据传输速率和更稳定的通信链路，对于偏远或者无法覆盖的地区的飞行任务十分重要。在中国自主研发的北斗导航系统中，北斗地基增强系统和北斗天基增强系统都是重要的组成部分。

2.4 机器人控制技术

机器人控制技术作为现代自动化技术的核心，正逐步渗透至各行各业，特别是在架空输电线路的巡检工作中，其重要性愈发凸显。结合市面上常用于架空输电线路的巡检机器人特点来看，这些机器人不仅具备了高效、精准的作业能力，还融入了多项先进技术，确保了巡检工作的顺利进行。

巡检机器人的常规组成结构相当复杂且精密，主要包括行走轮、回转装置、压紧装置、移动装置和核心控制装置，如图2-16所示。这些组成部分各司其职，共同构成了机器人的主体框架。行走轮作为机器人移动的基础，通常采用耐磨、

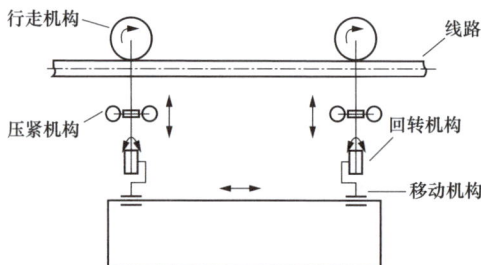

图 2-16　常规机器人组成结构图

抗滑的材质制成，以确保在各种复杂地形中都能稳定前行。回转装置则负责调整机器人的姿态，使其能够灵活应对输电线路的不同角度和高度。压紧装置则起到固定和支撑的作用，确保机器人在作业过程中不会因外力干扰而脱落。

2.4.1 自主越障技术

在电力巡检领域，智能机器人正逐步成为输电线路巡检的主力军。然而，智能机器人在输电线路巡检中面临的最大挑战之一就是越障。输电线路往往跨越复杂的地形和障碍物，如杆塔、山丘、河流等，这就要求智能机器人必须具备强大的自主越障能力，以确保巡检工作的顺利进行。

智能机器人在输电线路巡检时，其主要巡检路径是架空地线。机器人移动装置示意图如图 2-17 所示。为了使智能机器人能够自由穿梭与行驶在线路上，需要对地线进行适当的改造与调整。这些改造和调整包括增加地线的强度和稳定性，以及优化地线的布局和走向，以确保智能机器人在巡检过程中能够平稳、安全地行驶。

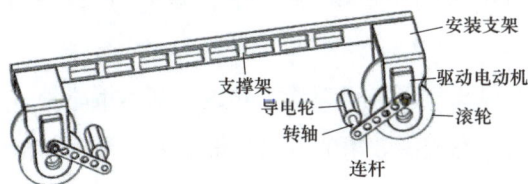

图 2-17　机器人移动装置示意图

在越障过程中，智能机器人需要依靠其先进的传感器和控制系统来准确识别前方存在的障碍物，并根据障碍物的类型和特点进行越障规划。通过精确的算法和模型，系统可以计算出最佳的越障路径和策略，从而在越障时有效控制智能机器人的状态，确保其能够顺利通过各种障碍物。机器人越障图如图 2-18 所示。

智能机器人在爬坡过程中，主要是通过滑动打滑检测、控制，感知环境与线路状态，根据实际情况选择对应爬坡策略，确保智能机器人能够做到自主爬坡。

图 2-18 机器人越障图

2.4.2 姿态控制技术

在具体作业过程中，自然风力对巡检机器人的影响不容忽视。当遭遇大风天气时，机器人机身会出现明显的摆动，这不仅会直接影响巡检画面的清晰度，降低摄录质量和效率，还可能因地面控制装置无法及时接收信号而导致操作延迟或失效，进而引发设备故障。据相关数据统计，风力超过5级时，巡检机器人因摆动导致的画面模糊率可高达30%，严重影响了巡检工作的准确性和效率。

除了避免在大风天气下进行巡检工作这一基本策略外，深入研究在风载条件下提高机器人姿态控制效果的方法显得尤为重要。自然风中的阵风现象，以其不连续、风向风速多变的特点，给巡检机器人的稳定运行带来了极大的挑战。当阵风的风力、风向突然变化时，机器人可能会出现机身横向大幅度摆动、姿态异常等问题，这不仅会进一步降低摄录质量，增加越障难度，还可能因磕碰而增加机器人的检修成本。

以巡检机器人越过悬垂的直线夹进入下一个巡检路段为例，通常采用滚动越障的方法。在此过程中，机身两侧的压紧装置张开，若此时遭遇风力影响，极易出现轮臂脱离轨道的情况，导致机器人姿态失控。此外，机器人的重心偏移也是造成姿态异常的主要原因之一。因此，如何在风载条件下保持机器人的稳定姿态，成为一个待解决的问题。

为了应对这一问题，应重点研究风载下机器人姿态检测及控制技术的合理优化方法。首先，可以引进现代化信息技术，通过设定后台自动运行程序，完成数据的收集、整合、计算等一系列工作。该程序应能够实时接收并处理来自机器人的传感器数据，包括风速、风向、机身姿态等，以便及时判断机器人的运行状态。在程序设计中，应首先输入风载作用的线程信息，以便系统能够准确识别并预测风力的影响。

其次，根据实际收集的数据，系统应能够自动判断是否执行拍摄照片、视频等任务，并在识别到障碍时，自动判断并选择最佳的越障方法。例如，当检测到机身横向摆动幅度过大时，系统可以自动调整机器人的运动轨迹和速度，以减少摆动对摄录质量和越障难度的影响。

此外，在越障过程中，如果发现机器人姿态异常的问题，系统应立即启动自动通信功能，提醒工作人员排查设备故障。同时，同步暂停机器人的作业状态，以避免因姿态异常而引发设备损坏的情况。相关姿态检测和处理信息应及时记录下来，并建立数据库。这样，在后续遇到类似问题时，可以调用工作信息，快速找到优化姿态控制方案的可行对策。

机器人姿态控制流程图如图 2-19 所示。

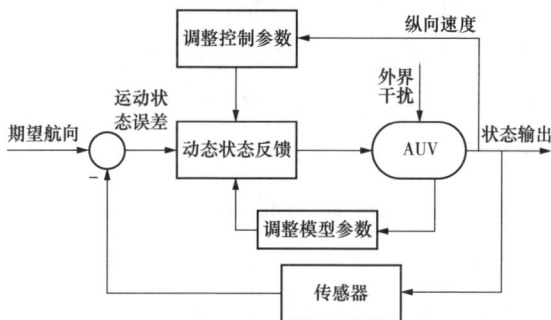

图 2-19　机器人姿态控制流程图

2.4.3　自主故障诊断与复位技术

智能机器人在执行巡检任务时，其高效、精准的性能对于确保巡检工作的顺利进行至关重要。然而，任何技术系统都不可避免地会面临故障问题，智能机器人也不例外。特别是在复杂的巡检环境中，如输电线路巡检，智能机器人需要应对各种挑战，包括恶劣的天气条件、复杂的地形及潜在的机械和电子故障。因此，自主故障诊断与复位功能成为了智能机器人技术中不可或缺的一部分。

当智能机器人出现故障时，如果缺乏自主故障诊断能力，巡检工作将不得不中断，甚至可能导致更严重的后果，如延误故障修复时间、增加运维成本等。因此，重视并开发智能机器人的自主故障诊断与复位功能至关重要。这一功能不仅能够帮助机器人快速识别并定位故障，还能在可能的情况下自动执行复位操作，从而恢复巡检工作。

对于可恢复故障，智能机器人所设置的各模块可以通过内置的传感器和算法自动对内部进行排查。例如，当检测到某个传感器数据异常时，机器人可以自动调整其工作参数或切换到备用传感器，以确保数据的准确性和完整性。这种自我修复能力大大提高了机器人的可靠性和稳定性。

如果内部发生的是可替换故障，如某个部件磨损或失效，智能机器人则可以根据故障状况自动替换对应的方案。这通常涉及机器人内部的模块化设计，使得故障部件可以迅速被更换，而无需将整个机器人送回维修中心。这种设计不仅缩短了故障恢复时间，还降低了维修成本。

然而，对于需要专业修复的故障，如复杂的机械故障或电子元件损坏，智能机器人则无法自行解决。在这种情况下，机器人会立即停止巡检工作，并发出警报通知工作人员。工作人员可以根据机器人提供的故障信息，迅速定位并修复故障，从而确保巡检工作的顺利进行。

以输电线路巡检为例，智能机器人在执行此任务时经常面临机械故障的挑战。机械部件之间的互相约束、磨损或损坏都可能影响机器人的使用。特别是当智能机器人在巡检过程中检测到的数据并非呈线性化，且未出现传感器限位信号时，这通常意味着展臂机构或其他关键部件在某种因素的作用下被锁死或失效。此时，机器人必须立即停止运行，并由专业人员进行详细检查和修复。

据相关数据统计，在输电线路巡检中，由于机械故障导致的巡检中断占比高达30%以上。这不仅影响了巡检工作的效率和质量，还增加了运维成本和风险。因此，开发更加智能、高效的故障诊断与复位功能对于提升智能机器人的巡检能力和可靠性具有重要意义。

机器人故障诊断流程图如图 2-20 所示。

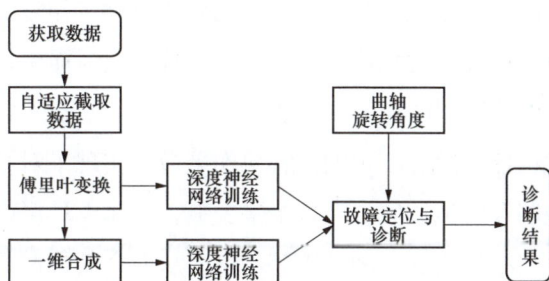

图 2-20　机器人故障诊断流程图

2.4.4　实时环境监测与适应技术

在输电线路巡检这一关键任务中，智能机器人扮演着至关重要的角色。为了确保巡检工作的顺利进行，这些机器人不仅需要具备强大的越障能力和姿态控制能力，还必须实时监测并适应复杂多变的环境条件。实时环境监测技术正是为此而生，它集成了温湿度传感器、气压传感器、光照传感器等多种高精度传感器，能够全方位、深层次地感知周围环境的细微变化。

智能机器人利用这些实时环境监测数据，能够灵活调整其巡检策略和关键参数。例如，在高温酷暑或严寒冰冻的极端环境下，机器人可以迅速调整其工作功率和散热策略，从而确保设备在极端条件下依然能够正常运行，不受外界环境的影响。在雨雪交加或湿滑的环境中，机器人则会加强防滑和防水措施，有效避免因地面湿滑而导致的潜在故障。这种对环境的敏锐感知和快速适应，不仅提升了机器人的巡检效率，更保障了巡检工作的准确性和安全性。

值得注意的是，智能机器人并非一成不变地应对环境变化。它们通过内置的学习算法，不断分析和总结环境变化对巡检工作的影响，从而优化自身对环境的适应能力。这种自我学习和优化的能力，使得智能机器人在面对复杂多变的环境条件时，能够始终保持高效、稳定的巡检状态。

在实际应用中，实时环境监测与适应技术展现出了强大的应用价值。

2.4.5 远程协作与智能调度技术

随着智能电网的不断发展和完善，输电线路巡检工作对机器人的智能化和协同性要求日益提高。远程协作与智能调度技术应运而生，为智能机器人在输电线路巡检中的应用注入了新的活力。

该技术通过构建高效、稳定的远程协作平台，实现了对智能机器人的实时监控、远程控制和智能调度。在这个平台上，工作人员可以实时查看机器人的运行状态、巡检进度和周围环境等信息，从而全面掌握巡检工作的全局情况。同时，他们还可以通过远程控制功能，对机器人进行实时指挥和调度，确保巡检工作按照预定计划顺利进行。

智能调度技术则是远程协作技术的延伸和升级。它利用先进的算法和模型，对巡检任务进行智能分解和优化，从而制定出更加高效、合理的巡检计划。在这个计划的指导下，智能机器人能够按照预定的路径和时间节点进行巡检，大大提高了巡检工作的效率和准确性。

此外，远程协作与智能调度技术还具备强大的应急处理能力。当巡检过程中遇到突发情况时，如机器人故障、环境异常等，平台可以迅速响应并采取相应的应急措施。例如，它可以自动切换备用机器人继续巡检任务，或者调整巡检计划以避开危险区域等。这种强大的应急处理能力，确保了巡检工作在面对各种挑战时依然能够顺利进行。

2.5 机械臂感知与控制技术

配网机器人由于常进行带电作业，且工作环境外界干扰多，因此具有较高的安全风险和作业难度，所以多采用人工控制的方式进行操作。配网机器人多以电机驱动的双臂结构为主，机械臂及其所安装的绝缘平台需要将工作信息和环境信息实时反馈到控制器，信息经过处理后通过各类设备反馈给操作员，操作员通过现场决策控制机械臂完成作业任务。机械臂感知与控制原理如图 2-21 所示。

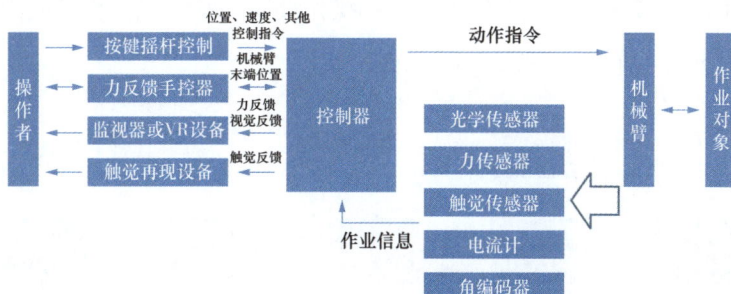

图 2-21　机械臂感知与控制原理

2.5.1　机械臂感知技术

在架空输电线路智能检修领域，目前以两种作业模式为主：①操作员搭乘绝缘斗升至空中直接操作机械臂完成带电作业；②操作员在地面端通过实时视频和其他触觉反馈设备，遥控高空机械臂平台进行带电作业。考虑到安全因素，模式②是当今的主要发展方向，在此工作模式下，机械臂对于工作环境的感知至关重要，直接影响到操作员的工作质量与工作效率，除常规的利用电机所配备的角编码器和电流计进行速度位置感知外，三维环境感知和力/触觉感知是作业时两种关键的信息反馈方式。

1. 三维环境感知

在许多需要高精度作业的工业场景下，远程操作员需要通过佩戴虚拟现实（Virtual Reality，VR）设备或观察具有实时信息反馈的显示器获得视觉辅助对机械臂进行远程精确控制，而视觉辅助信息需要远端执行设备能完整详细地获取周围的三维环境信息。目前三维环境感知技术主要包括基于双目相机或深度相机的立体视觉技术和目标识别技术。

（1）基于双目相机或深度相机的立体视觉技术。立体视觉技术是一种通过捕捉和分析图像来恢复场景三维结构的技术，将获得的深度图进行坐标系变换得到空间点云，通过采集离散点云重建出具有结构和几何形状的物体模型定位当前工作环境的三维空间，从而将空间信息输出给头显 VR 设备或把一些关键零件和位置的特征信息以数字的形式显示在监视器上，使操作员可以获得相比于传统的二维图像更丰富的操作反馈。基于双目相机或深度相机的立体视觉技术示意图如图 2-22 所示。

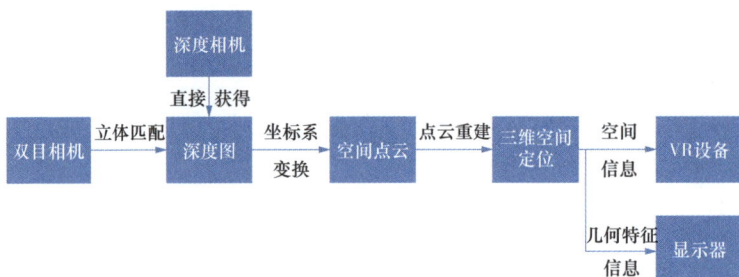

图 2-22　基于双目相机或深度相机的立体视觉技术

（2）目标识别技术。目标识别技术在架空输电线的智能检修领域必不可缺，对于远端遥控作业的操作员，通过搭载的光学设备实现更快的线路和设施的问题探查可以大大提高检修的效率，也减少了病害的漏检率。使用图像信息进行目标识别的方法见表 2-1。由于实际的应用场景都为未知环境，所以目前大多情况使用基于深度学习的方法进行检修目标的识别。根据《国家电网公司架空输电线路运维管理规定》[国网（运检 /4）305—2014]，国家电网的架空线路设备缺陷管理系统规定了 878 种缺陷，分为基础、杆塔、导地线、绝缘子、金具、接地装置、通道环境、附属设施 8 大类，以 YOLO 系列目标识别算法为代表的深度学习方式已经可以进行多种缺陷的同时识别并获得较高的准确率。

表 2-1　　　　　　　　　　目标识别技术分类

识别方式	分类	简述
基于传统计算机视觉	模板和特征点匹配、边缘检测、颜色纹理特征匹配等	需要目标大致相似且拥有目标的模板，使用既定特征进行匹配
基于机器学习	SVM、随机森林、kNN 等	使用人工设计的特征对输入的图像进行分类

续表

识别方式	分类	简述
基于深度学习	CNNs、RCNN、YOLO、SSD 等	使用近些年发展出的各类深度学习网络框架进行数据集训练，自动学习目标特征
基于图像分割	语义分割、实例分割	将图像中的每个像素分类到一个预定义的类别，用于识别和分离不同的目标区域

2. 力 / 触觉感知

机械臂的力 / 触觉感知技术使机器人能够检测和响应与环境或物体的物理接触，类似于人类的触觉和力觉，机械臂末端工具通过加装力传感器和触觉传感器，获取力 / 触觉信息从而反馈给地面端使用力 / 触觉反馈控制器的操作员可以有效提高人机交互的安全性和易操作性，可以帮助操作员执行如更换绝缘子、搭接引线等更为精细的作业。

力 / 触觉感知依赖于安装在机械臂上的各式传感器，具体可以分为以下几种方式：①直接在机械臂腕部安装六维力传感器；②在机械臂的每个关节处安装力矩传感器；③利用动力学模型计算理论电流，实时测量各关节电流，与理论电流进行比较计算得到实际力矩大小；④使用新型材料的智能皮肤和阵列式传感器，采集机械臂执行接触任务时的表面受力、纹理、滑动等信息。

上述四种方式中，方式①为目前工业机械臂最常见的解决方案，相对售价低，机械结构不需要大改动，负载测量量程大，精度可以达到 0.3%FS 以内，这种末端力控的方式目前可以算是较为成熟的应用方案，可以帮助机械臂实现焊接、剪线、抓取等任务时的精确力控。目前的传感器类型有电阻应变式、电容式、压电式、光纤光栅式等；按照传感器结构又可分为竖直支撑式、双环形式、十字交叉式、圆通式等。安装腕部六维力传感器机械臂示意图如图 2-23 所示。

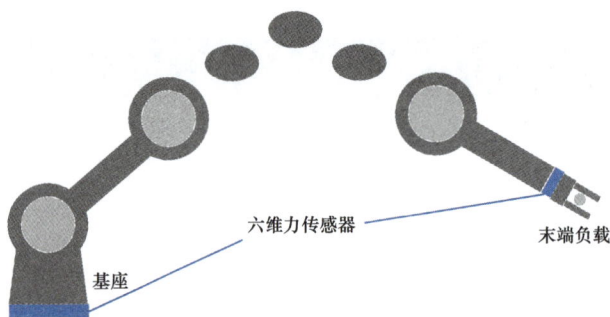

图 2-23　安装腕部六维力传感器机械臂示意图

方式②可以实现机械臂的关节力控,这类设计可以实现机械臂的全局力控,同时解耦动力学模型,便于实现基于动力学的位置控制,但此方式目前应用较少,原因是成本极高,往往具有关节力矩传感器的机械臂会是同类型机械臂价格的二到三倍,且关节处机械设计难度会大大提高。

方式③不需要安装额外的传感器,只借助于驱动器自带的电流采样功能结合动力学模型而实现,这种方法对机器人的动力学模型要求非常精确,如零部件尺寸、电机电气参数、零件间摩擦力等参数需要逐一测量,而且实际中机器人的动力学模型在不同配置、不同负载下都会发生变化,需要对动力学模型重新辨识,因此可靠性较低,但此方式的优点是不需要对机械臂进行任何硬件设计改动,成本低。

方式④是模拟人类皮肤的设计,目的是感知接触表面的多点接触力和整体的压力分布,可以帮助机械臂更好地完成物体识别、形状感知、姿态识别、感知融合、软性抓取等特定任务。通常机械臂末端加装的触觉传感器可以分为由常规传感器(应变片、电容薄板等)组成的面阵列和由新型材料构成的皮肤传感器两种形式,前者通常用在机械臂末端的夹持工具上感知作业时的接触状态,后者常附着于机械臂的全身以感知机械臂与外界的碰撞等,从而提高工作时的安全性。常规阵列传感器需要由柔性材料和柔性 PCB 组成,以目前技术相对成熟的压阻式阵列三轴力触觉传感器为例,通过各式新型复合材料结合 MEMS 工艺,可以实现多单元多阵列的触觉信息采集,测力量程可达几十牛。按照工作原理,常规的阵列触觉传感器可以分为压阻式三轴力触觉传感器、电容式触觉阵列传感器、压电式 PVDF 材料大面积阵列触觉传感器、电磁式触觉阵列传感器、光纤式力触觉传感器，如图 2-24 所示。

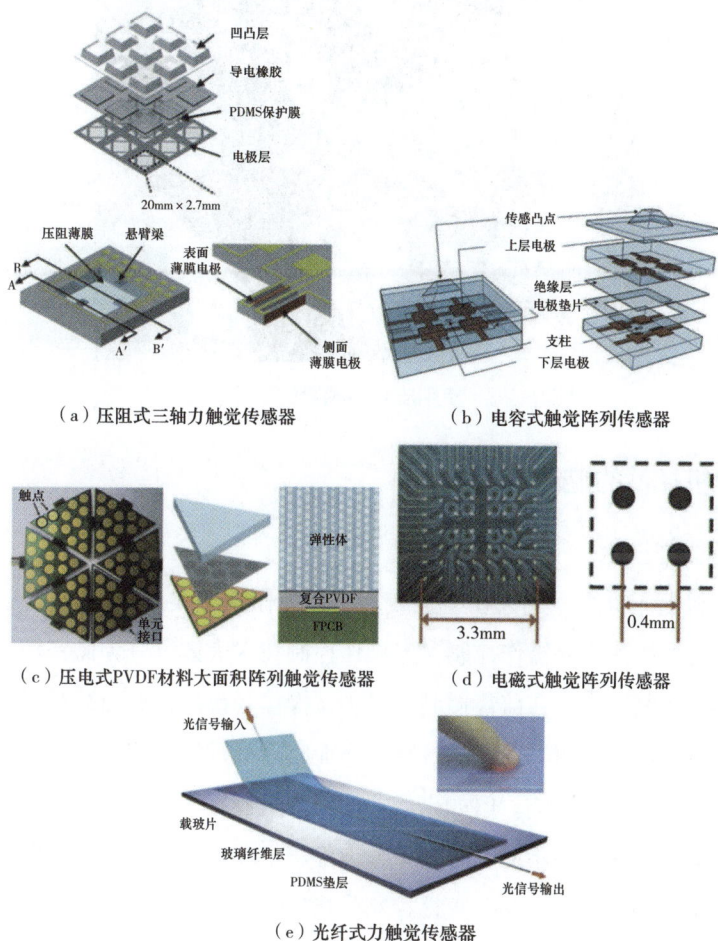

（a）压阻式三轴力触觉传感器　　　　（b）电容式触觉阵列传感器

（c）压电式PVDF材料大面积阵列触觉传感器　　（d）电磁式触觉阵列传感器

（e）光纤式力触觉传感器

图 2-24　常规的阵列触觉传感器

　　皮肤传感器是通过新型材料覆盖于机械臂表面，能够在与外界物体接触时第一时间提供完整的接触信息给控制器，此类感知方式已应用于 Bosch APAS 和 FANUC CR35ia 等商业机械臂上，相比于传统机械臂具有碰撞响应快、感知范围大的优势，但缺点是电路设计复杂，造价昂贵。使用皮肤传感器的工业机械臂如图 2-25 所示。

图 2-25　使用皮肤传感器的工业机械臂

2.5.2　机械臂的控制技术

1. 遥操作技术

配网机器人大多采用人在后台或地面遥操作的方式远程控制机械臂作业，此类控制方式统称为遥操作控制，遥操作控制技术大体可分为监督控制、直接控制和共享控制三类。在监督控制方式中，操作者预先在地面端对机器人编程动作指令，从而使得机器人在进行特种作业时形成远端的闭环回路，可以避免远程通信带来的延时影响。但如果作业中出现机器人无法正常处理的特殊情况时，地面端的操作者并不能及时地干预或停止机器人，所以基于监督控制的遥控操作技术受到了很大限制。直接控制是指操作者连续发送动作指令给远端的机器人进行作业，机器人无需自主决策，主要决策权由操纵者控制，此方式控制逻辑简单、安全性好，实际使用最多，但也存在着通信延时、环境信息单薄、作业质量依赖操作员技术水平等问题。共享控制是综合了上述两种控制方案，主要研究如何有效结合操作者的直接控制和机器人自主规划的监督控制方式来完成任务，通常控制逻辑被设置为自主规划任务为优先，人工干预为辅。

得益于近几年 VR 设备和机械臂力/力矩感知技术的进步，架空输电线路智能检修技术得到了巨大的改善，现已有较为完整的遥控操作施工方案，操作员通过佩戴 VR 视觉反馈系统和操纵力反馈手控器进行远端作业，数据通过有线传输或者使用 5G 内网穿透传输到系统总控。此施工方案相对已经成熟，在电网检修任务中已有很多应用，到目前为止该技术的研究难点主要集中在自动化电力、位置、功率和阻抗的主从映射策略和解决时变延时下与主手从手采集发送模式不匹配时主从动作的一致性上。前者应考虑在进行大幅度动作和精细化作业之间的控制映射切换下，应当设计一种自动化、智能化的自动变换方式，以减轻操纵者的控制任务负担，让操作者可以轻松完成大范围低精度运动和小范围高精度作业；后者则为了解决网络传输具有时变延时问题和主手位姿信号是等时间步长采集，但发送给从手的指令则是采用给定位置的模式，从而导致主从手动作不同步引起从端延时和抖动。

2. 作业路径规划

架空输电线作业场景复杂，障碍物多，机械臂不能简单地点到点运动而需要绕开障碍物，对运动进行合理规划，为了减轻操作员的任务负担通常采用前述的共享控制策略，即控制器通过预知操作员的操纵动作来提供增强的引导力协助操作者按照规划好的最优轨迹精确地达到目标位置，完成特定动作。对于摄像头安装在机械臂末端的"眼在手上"的情况，运动轨迹规划也帮助限制搭载摄像头的关节不会出现视频翻转或视野遮挡等严重干扰操作员操纵的运动。

常用的机械臂运动规划方法见表 2-2，每种类型仅列出最通用的两种规划算法进行说明。

表 2-2　　　　　　　　　　　　机械臂运动规划方法

规划方法	规划算法	说明
基于采样的规划方法	快速随机探索树 （Rapidlyexploring Random Tree，RRT）	RRT 是一种常用的算法，通过在空间中随机采样并扩展树结构来寻找从起点到目标的路径。RRT 算法的变种如 RRT 提供了更优的路径优化能力
	概率路径图 （Probabilistic Roadmap，PRM）	PRM 通过在空间中随机采样生成一个无碰撞的状态网络，称为路标，然后利用这些路标来规划路径。PRM 适合于多次查询的静态环境

规划方法	规划算法	说明
基于优化的规划方法	梯度下降（Gradient Descent）	此方法通过优化目标函数，如最小路径长度或能量消耗，来寻找最优路径
	粒子群优化（Particle Swarm Optimization, PSO）	一种基于群体智能的优化算法，模拟了鸟群或鱼群在寻找食物时的集体行为，每个粒子代表了一个潜在的解，使用评价函数来优化粒子群，最终得到全局最优解
基于搜索的规划方法	A 算法	一种图搜索算法，广泛用于离散空间的路径规划中。通过结合路径的代价和启发式估计，可以有效地找到起点到目标的最短路径
	D 算法	一种动态版本的 A 算法，适用于环境可能变化的情景
基于学习的规划方法	深度学习（Deep Learning）	使用神经网络预测和优化路径，特别是在复杂的高维度环境中，可以基于环境反馈进行路径规划
	强化学习（Reinforcement Learning）	代表方法包括：Q 学习（Qlearning）和深度强化学习（Deep RL），通过试错机制和奖励反馈来优化行为，不断训练虚拟机械臂完成特定任务并学习策略

3. 虚拟夹具技术

过去配网带电作业机器人只涉及普通的力反馈操作，没有其他辅助方法，导致操作者在作业时接触物体之前缺乏距离感，很难操作完成一些如轴孔装配类的精细动作，通常需要在作业前进行大量的练习。虚拟夹具技术是近些年逐步应用在配网机器人上的一种辅助遥操作技术，原理是在虚拟仿真环境中加入主动约束力并反馈到操作者端来引导操作员进行决策。虚拟夹具可以分为引导型夹具和禁止型夹具，前者设计目的能够引导操作者绘制各种高质量三维空间曲线 / 直线，从而完成一些特定的涂胶、零件装配、引线裁剪等任务；后者则为限制机械臂的运动区域，通过施加主动约束力帮助操作者控制机械臂维持在特定工作区。使用虚拟夹具的机械臂遥操作方案如图 2-26 所示，在一些如拆卸配电网避雷器的任务中已经开始使用，并展示出了控制精度高、易于操作、作业安全性更高等优势。

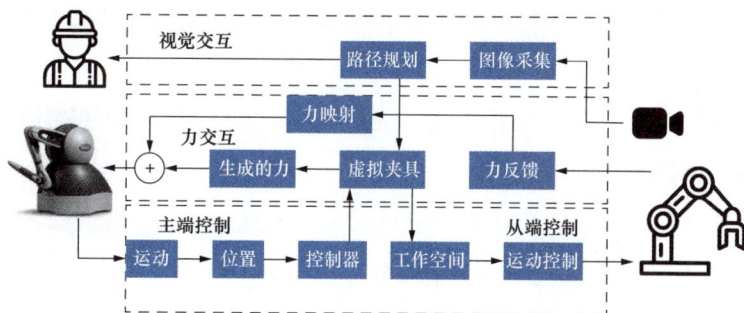

图 2-26 使用虚拟夹具的机械臂遥操作方案

4. 目前机械臂控制技术

机械臂的控制技术在不断发展中，涉及了多个学科的交叉应用，包括机械工程、电子工程、计算机科学、控制工程等。目前主要的机械臂控制技术可以分为以下几类：

（1）开环控制与闭环控制。

1）开环控制：指的是控制系统的输出不需要反馈即可运行，简单来说，就是根据预设的指令来进行操作，不根据实际执行结果调整操作指令。

2）闭环控制（反馈控制）：系统通过传感器采集信息，根据实际与目标之间的差异调整控制量，以实现更精确的控制。这种控制方式能够自动纠正行进中的偏差，提高控制精度。

（2）编程控制。

1）在线编程：操作者通过操作面板或编程语言直接向机械臂发出指令，机械臂随之执行。

2）离线编程：在计算机上预先编制好程序，然后将程序下载到机械臂控制系统中执行。这种方式可以减少实际生产中的停机时间，提高效率。

（3）示教再现控制。通过示教设备（如示教器）手动引导机械臂完成一系列动作，并将这些动作的数据记录下来，之后机械臂按照记录下来的路径重复执行。这种方法简单直观，适用于简单重复的工作任务。

（4）智能控制。

1）基于规则的控制：根据已知的工作任务特点，制定相应的规则进行控制。

2）自适应控制：机械臂能够根据环境变化自动调整其工作参数，以适应不同的工作条件。

3）学习控制：利用机器学习算法使机械臂能够从过往经验中学习，改进自身的控制策略。

4）神经网络控制：采用神经网络技术模拟人脑的学习能力，使机械臂能够在复杂环境中更加灵活地完成任务。

5）模糊控制：利用模糊逻辑处理不确定性问题，适用于环境变量难以精确测量的场合。

（5）力控制。通过力传感器检测机械臂与外界物体相互作用的力，根据设定的力值进行精确控制，常用于装配、打磨等需要施加特定力度的工作。

（6）视觉控制。利用摄像头等视觉传感器获取工作环境的图像信息，通过图像处理技术分析物体位置、姿态等信息，实现机械臂的精确定位和物体识别。

（7）协作控制。指的是机械臂与人类或者多个机械臂之间的安全协作，强调的是人机安全交互和多臂协调运动。这需要高度的安全性和智能化控制策略。

（8）远程控制。通过互联网或者其他通信手段，操作者可以在远端控制机械臂完成特定任务，适用于危险环境或者远程操作场合。

5. 机械臂控制系统存在的问题

随着智能机器人技术的快速发展，机械臂已经成为工业现代化和社会生活进步的关键一环，但与此同时，对机械臂的控制性能提出了全新的要求。然而，就目前而言，机械臂控制系统仍有不小的进步空间，在实际的工程应用中存在如下的问题：

（1）轨迹跟踪精度低。机械臂在实际运动的过程中，受外界复杂环境和本身控制算法的影响，会使机械臂系统难以按照预先设定的轨迹进行运动，再加上其本身的非线性和强耦合特点无疑会导致精度误差进一步扩大，从而使机械臂无法按照预想完成任务。

（2）容错性差。因机械臂系统中的各个数据相互关联，当其中一个处理器出现故障时会迅速地影响整个机械臂系统的运作，更严重甚至导致瘫痪。

（3）延展性差。因目前大部分机械臂系统是依照其关节对控制系统进行研究的，而其结构具有封闭性，很难在此基础上添加其他模块。

（4）故障率高。机械臂长期处于高强度的工作状态，其事故频发的问题也是现代化工业生产中亟待解决的难题。

（5）开放性差。机械臂目前大多控制系统处于封闭状态，只能针对特定的应用场合实现特定的功能。

（6）可靠性差。机械臂本身的抗干扰能力不足，在复杂情况下或处于长期工作状态时，会出现各种故障影响其正常运行。

（7）协同性差。目前研究更多针对单个机械臂系统，但在实际工程应用中往往需要多个机械臂系统协作完成任务，因此探究不同机械臂系统之间的关联性，实现多个机械臂系统的协同工作十分必要。

2.6 人机交互技术

在无人机及机器人协同的架空输电线路智能检修领域，人机交互技术扮演着至关重要的角色。这一技术的引入，不仅极大地提升了检修工作的效率，还显著降低了人工操作的风险，是推动该领域智能化发展的重要力量。

2.6.1 人机交互设计要求

1. 可用性

在复杂多变的现代技术环境中，无人机及机器人协同系统的可用性不仅是技术实现的基本准则，更是衡量其能否有效融入并优化人类工作流程的关键指标。系统的可用性设计，旨在确保其在满足特定使用目的和操作功能的同时，能够以一种高度契合用户预期的方式展现信息并接受交互指令。这种契合不仅体现在信息显示的直观性、准确性以及交互方式的自然流畅上，还要求系统能够在不同用户群体间展现出良好的传递性和适应性，即无论是新手还是经验丰富的操作员，都能在短时间内理解系统逻辑，并迅速上手操作。

尤为重要的是，面对无人机及机器人协同系统对效率的高要求，系统必须内置高效的容错机制与严格的安全防护措施。鉴于人为操作失误的不可避免性，系统需通过智能确认机制，如双重验证、操作意图预测等技术手段，对用户指令进行二次校验，确保每一步操作都是基于正确的意图执行，避免因一时疏忽导致的功能误用。此外，系统的安全性设计需贯穿始终，从底层代码的优化到高层逻辑的控制，都要力求无懈可击，防止因程序错误或外部干扰引发操作事故，保障人员与设备的安全。

2. 易用性

如果说可用性是人机交互系统设计的基石，那么易用性便是其攀登高峰的方向标。两者相辅相成，共同推动着人机交互体验向更高层次迈进。可用性关注的是系统能否被有效使用，而易用性则在此基础上，进一步追求如何让用户在使用过程中感到愉悦、高效且低负担。它倡导的是"以用户为中心"的设计理念，即在确保系统可用性的基础上，深入挖掘并解决人机交互过程中的痛点与矛盾，通过细致入微的设计优化，提升操作员的体验感受。

易用性设计需深刻理解并尊重人的生理特性，这包括视觉、听觉、触觉等感官的感知规律，以及人体工学原理。例如，在信息呈现方面，应依据人类视觉注意力分配的特点，采用合适的颜色搭配、字体大小与排版布局，确保关键信息一目了然；在交互方式上，则需模拟人类自然的交互习惯，如手势识别、语音控制等，减少认知负荷，提升操作流畅度。此外，系统还需具备高度的智能化与个性化，能够根据操作员的习惯、偏好乃至情绪状态，动态调整交互策略，提供定制化的操作辅助与反馈，使操作员在操控过程中感受到前所未有的便捷与安心。

2.6.2 常见交互设计

常见交互设计如图 2-27 所示。

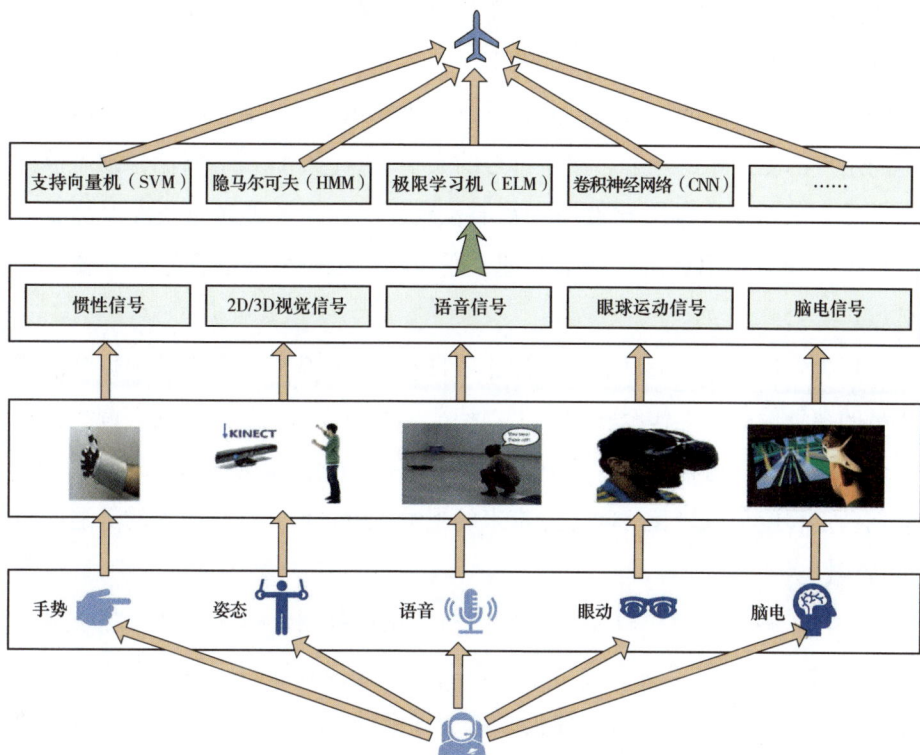

图 2-27　常见交互设计

1. 视觉通道交互设计

在探讨人机交互的广阔领域中，视觉通道无疑扮演着举足轻重的角色，它不仅是用户感知外界信息、理解环境状态的首要途径，也是实现高效、直观信息交流的基石。尤其在无人机操控、机器人远程作业等高科技应用场景中，操作员需实时、准确地掌握无人系统的位置动态、速度变化、航向调整及周围环境的态势信息，这些信息的高效传递与呈现，直接关乎任务执行的精准度与安全性。因此，如何巧妙地将信息显示方式与操作员的视觉通道认知特性相融合，成为提升人机交互效率与体验的关键所在。

信息显示设计，这一看似简单的概念背后，实则蕴含着复杂而精细的考量。图形面板的布局不仅要追求美观与简洁，更要遵循人类视觉注意力分配的规律，确保关键信息能够迅速吸引操作员的注意，同时避免信息过载导致的认知负荷增加。菜单按钮的排列需符合逻辑顺序与操作习惯，使得操作员在紧急情况下也能凭借直觉快速做出反应。元素符号的表征需直观易懂，既要体现其代表的功能或状态，又要考虑文化差异与认知共性，确保全球范围内的用户都能无障碍理解。文字符号的大小、颜色、深浅等属性，则需根据视觉感知的敏感度与对比度原则精心设定，确保在各种光照条件下都能清晰可读，同时利用色彩心理学原理，通过颜色编码增强信息的区分度与记忆点。

更为先进的是，信息显示设计还需具备智能适应性，即能够根据个体操作员的视觉偏好、工作经验乃至生理特征（如视力状况）进行动态调整，实现个性化定制。这种自适应机制，不仅能够提升操作员的信息处理效率，还能在一定程度上减轻长时间作业带来的视觉疲劳，增强人机交互的舒适度与可持续性。

另外，视觉通道不仅是一个单向的信息接收端，随着眼动追踪技术的飞速发展，它正逐步演变为用户与系统之间直接对话的桥梁。视线追踪技术，通过高精度传感器精准捕捉眼球的细微动作，如瞳孔的移动轨迹、角膜的微小反射，进而运用复杂的算法模型解析这些生物特征信息，映射出用户的真实交互意图。这种基于视线的交互方式，以其直接性、自然性和双向互动性，为用户提供了前所未有的沉浸式体验，极大地提升了交互的效率与流畅度。

然而，尽管视觉通道交互展现出巨大的潜力，但在实际应用中仍面临诸多挑战。首要便是视线定位的精度问题，如何在复杂多变的现实环境中，确保系统能够准确无误地捕捉到用户的视线方向，是实现精准交互的前提。其次，"米达斯接触"问题——即当系统误将用户的无意注视解读为交互指令时，可能导致不必要的操作干扰，影响用户体验与任务执行。因此，提升视线追踪的准确性与稳定性，开发更加智能的误判识别与纠正机制，是当前研究的重点。

此外，眼动信息中蕴含的丰富数据，如驻留时间的长短、瞳孔直径的变化等，都是反映用户认知状态与工作负荷的重要指标。通过深入分析这些数据，系统能够实时监测操作员的精神集中度、疲劳程度，乃至情绪变化，从而为智能辅助决策、健康管理等提供科学依据。这不仅有助于提升人机交互的安全性与效率，也为构建更加人性化、智能化的交互系统开辟了新的可能。

视觉通道交互设计示意图如图 2-28 所示。

图 2-28　视觉通道交互设计示意图

2. 听觉通道交互设计

在探讨人机交互的广阔领域中，听觉通道作为人类交流的本能方式之一，其潜力在当前的科技应用中尚未被充分挖掘。尽管视觉通道在多数人机交互界面设计中占据了主导地位，但听觉通道以其独特的优势，正逐渐成为提升用户体验与效率的关键因素。听觉通道不仅具备反应迅速、应答即时且无特定方向性限制的特质，还能够在多任务处理环境中为用户提供一种非侵入式的交互方式，从而极大地拓宽了人机交互的应用场景与深度。

语音识别技术的飞速发展，为听觉通道在人机交互中的应用奠定了坚实的基础。这项技术通过复杂的算法模型，能够实现对人类语音的高度精确识别，特别是对于标准普通话的识别准确率已攀升至 99% 以上的惊人水平。这一成就不仅标志着语音识别技术走向成熟，也为实现更加自然流畅的人机对话提供了可能。值得注意的是，即便面对方言差异这一挑战，先进的机器学习算法亦能通过持续的训练与优化，显著提升对不同口音和方言的识别能力，进而确保语音交互的广泛适用性和高效性。这一进步无疑为跨地域、多文化背景下的人机交互开辟了全新的路径。

在无人机指控系统、机器人控制平台等高科技应用场景中，听觉通道的引入更是带来了革命性的变化。传统人机交互往往依赖于视觉界面与手动操作，这不仅增加了操作员的手眼负担，还可能因长时间集中注意力于单一通道而导致疲劳与效率下降。而通过语音指令输入与听觉反馈机制的融合，操作员得以在保持高度警觉的同时，轻松完成指令的下达与信息的接收，有效缓解了通道利用不平衡的问题，提升了整体操作的流畅度与响应速度。

听觉反馈的设计，作为听觉通道交互体验的重要组成部分，其多样性与精准性至关重要。从简单的提示声音、蜂鸣声、连续嘀嗒声，到利用高保真播放器播报详细语音信息，每一种反馈形式都承载着特定的功能与情感色彩。它们不仅能够在关键时刻迅速吸引操作员的注意，引导其执行必要操作，还能在无形中构建起人机之间的信任桥梁，增强系统的亲和力与可用性。相较于视觉反馈，听觉反馈的最大优势在于其"被动接收"的特性，即无需操作员主动分配额外的认知资源去捕捉信息，而是能够在不干扰当前任务执行的前提下，自然而然地融入操作员的感知世界，实现信息的无缝传递。

在无人机及机器人指控系统的设计中，告警信号的设计尤为关键。这类信号不仅需要具备即时性与准确性，能够在千钧一发之际迅速传达紧急信息，为操作员争取宝贵的应急处置时间，同时还需兼顾和谐性与适度性，避免过度刺激或干扰到其他通道的交互流程，引发操作员的不适或误判。因此，设计师需深入理解人类听觉系统的生理特性与心理反应机制，巧妙结合声音频率、音量、节奏以及语音内容等因素，创造出既能有效传达信息，又能保持环境和谐、促进心理平静的告警信号，从而确保人机交互过程的安全、高效与舒适。

听觉通道交互设计示意图如图 2-29 所示

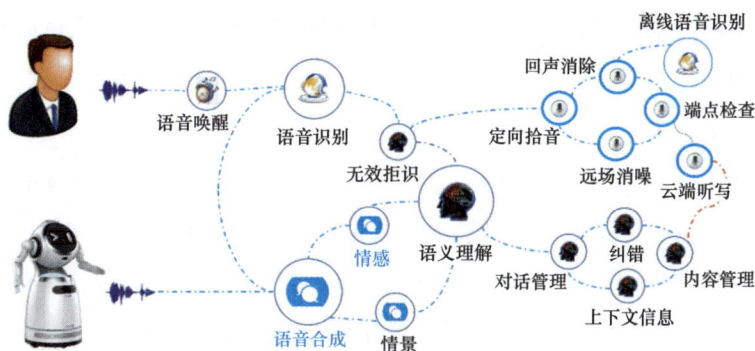

图 2-29 听觉通道交互设计示意图

3. 触觉通道交互设计

在人类与机器的漫长互动历程中，肢体语言作为一种古老而深刻的交流方式，始终占据着不可替代的地位。它不仅仅是情感的流露，更是智慧的火花，在无声中传递着复杂的信息与意图。随着科技的飞速发展，特别是人机交互领域的不断探索与创新，触觉通道的肢体语言逐渐被赋予了新的生命，成为连接人类与数字世界的桥梁，其潜力与价值正逐步被挖掘与展现。

触觉通道交互技术，这一前沿领域，巧妙地融合了多种高科技手段，如数据手套、视觉摄像头、光学深度传感器，以及惯性传感器、地磁传感器等物理感知设备，共同编织了一张精密的信息采集网络。数据手套，作为这一领域的明星产品，通过内置的传感器精确捕捉手指的弯曲、伸展乃至细微的触感变化，将操作者的意图以数据的形式实时传递给计算机；而视觉摄像头与光学深度传感器则负责捕捉手部乃至全身的动作轨迹，实现三维空间内的精准定位与姿态识别；惯性传感器与地磁传感器则进一步增强了系统的环境适应性，即使在复杂多变的外部条件下，也能确保交互的准确与流畅。

触控屏幕技术的广泛应用，无疑是这一趋势的重要里程碑。它摒弃了传统鼠标与键盘的繁琐操作，以直观、简洁的方式，让用户只需轻轻一触，即可完成信息的输入与指令的下达。这种交互方式不仅极大地提升了操作效率，更赋予了用户前所未有的沉浸感与参与感，仿佛每一次触碰都能直接触动数字世界的脉动。屏幕振动反馈技术的加入，更是为这一体验增添了新的维度，通过细腻的震动模式，系统能够即时传达各种提示信息、指令确认或是警告信号，使操作员在无需视觉关注的情况下，也能准确感知系统的状态变化，从而提升了整体操作的安全性与便捷性。

展望未来，随着增强现实（AR）、混合现实（MR）等新型显示技术的蓬勃兴起，人机交互的边界将被进一步拓宽。这些技术不仅能够将虚拟信息无缝融入现实世界中，创造出令人震撼的视觉体验，更为触觉通道交互提供了前所未有的舞台。在无人机指控系统这一高端应用领域，手势识别算法的不断优化与传感技术的持续进步，将使得基于触觉通道的肢体动作交互得以完美融入 AR/MR 环境之中。操作员只需轻轻挥动手臂，或是做出几个自然的手势，便能轻松实现对虚拟图层的隐显控制、缩放调整、拖拽移动等操作，仿佛是在操作着真实世界中的物体一般自然流畅。

这种交互方式的革新，不仅极大地提升了无人机及机器人指控系统的操作便捷性，更打破了物理环境的限制，使得信息的显示与操作不再受限于屏幕或控制台的束缚，而是可以根据任务需求灵活调整，实现真正的"所见即所得"。此外，随着人工智能技术的深度融合，未来的交互系统还将具备更强的学习与适应能力，能够根据操作员的习惯与偏好，自动调整交互策略，提供更加个性化、智能化的服务体验。

触觉通道交互设计示意图如图 2-30 所示。

图 2-30 触觉通道交互设计示意图

4. 多通道交互融合设计

在探索多通道人机交互这一前沿领域时不难发现，高效融合多种交互模式的核心原则在于实现各通道之间的微妙平衡、优势互补以及并行利用，这一理念如同交响乐团中各乐器间的和谐共鸣，共同编织出一曲流畅而富有表现力的交互乐章。为确保这一过程的可靠性和高效性，首要步骤是对各个潜在交互通道的有效交互置信度进行细致评估。这不仅仅是对技术能力的考量，更是对用户环境、任务需求以及心理接受度等多维度因素的综合分析。

具体而言，语音交互作为一种自然且直观的交流方式，其优势在于几乎不受物理操作对象的限制，用户只需口头表达即可完成任务，极大地提升了交互的自由度和灵活性。然而，这一方式在嘈杂环境中却面临着严峻挑战，环境噪声往往会干扰语音识别系统的准确性，从而影响交互体验。相比之下，手势交互则以其直观性和即时性见长，尤其适用于操作虚拟菜单、窗口等数字界面，用户无需直接接触物理设备，仅通过手势即可完成复杂指令，这在增强现实或虚拟现实环境中尤为突出。但遗憾的是，手势识别技术易受光线条件变化及遮挡物的影响，限制了其在某些场景下的应用。

眼动交互，作为另一种非接触式交互方式，其独特之处在于能以极高的效率传递用户的注视焦点和意图，且能有效解放双手，为用户在进行其他任务时提供便利。然而，眼动交互的可操作性内容相对有限，通常需要与头部姿态相结合来增强指令的明确性，这在一定程度上限制了其应用范围。

鉴于上述各通道的优缺点，将它们有机结合，构建一种多模态交互系统，便成为提升人机交互体验的关键。这一系统需基于对不同通道响应特性的深入理解，通过先进的信号处理技术，精确捕捉并分析来自触觉、听觉、视觉等多维度的信息，进而整合控制信息，实现对环境设备的精准操控。此外，系统还需具备对不同粒度表达意图的识别能力，这要求算法能够灵活处理从简单指令到复杂情境下的复杂需求，确保跨模态信息的准确传递与呈现。

为实现这一目标，构建跨模态人机交互信息处理模型显得尤为重要。该模型不仅要深入分析不同生理通道间的耦合规律，揭示其内在的相互作用机制，还需采用统一的算法框架和流程，以智能化方式处理交互过程中的自动切换或组合问题。这意味着，当用户在不同场景下，根据实际需求灵活切换交互方式时，系统能够无缝衔接，确保交互的连贯性和流畅性。同时，模型还需具备自我学习和优化的能力，能够根据用户的使用习惯和环境变化，动态调整交互策略，实现更加个性化、智能化的交互体验。

多通道交互融合设计示意图如图 2-31 所示。

图 2-31　多通道交互融合设计示意图

3

无人机及机器人协同的架空输电线路智能检修技术优秀应用案例

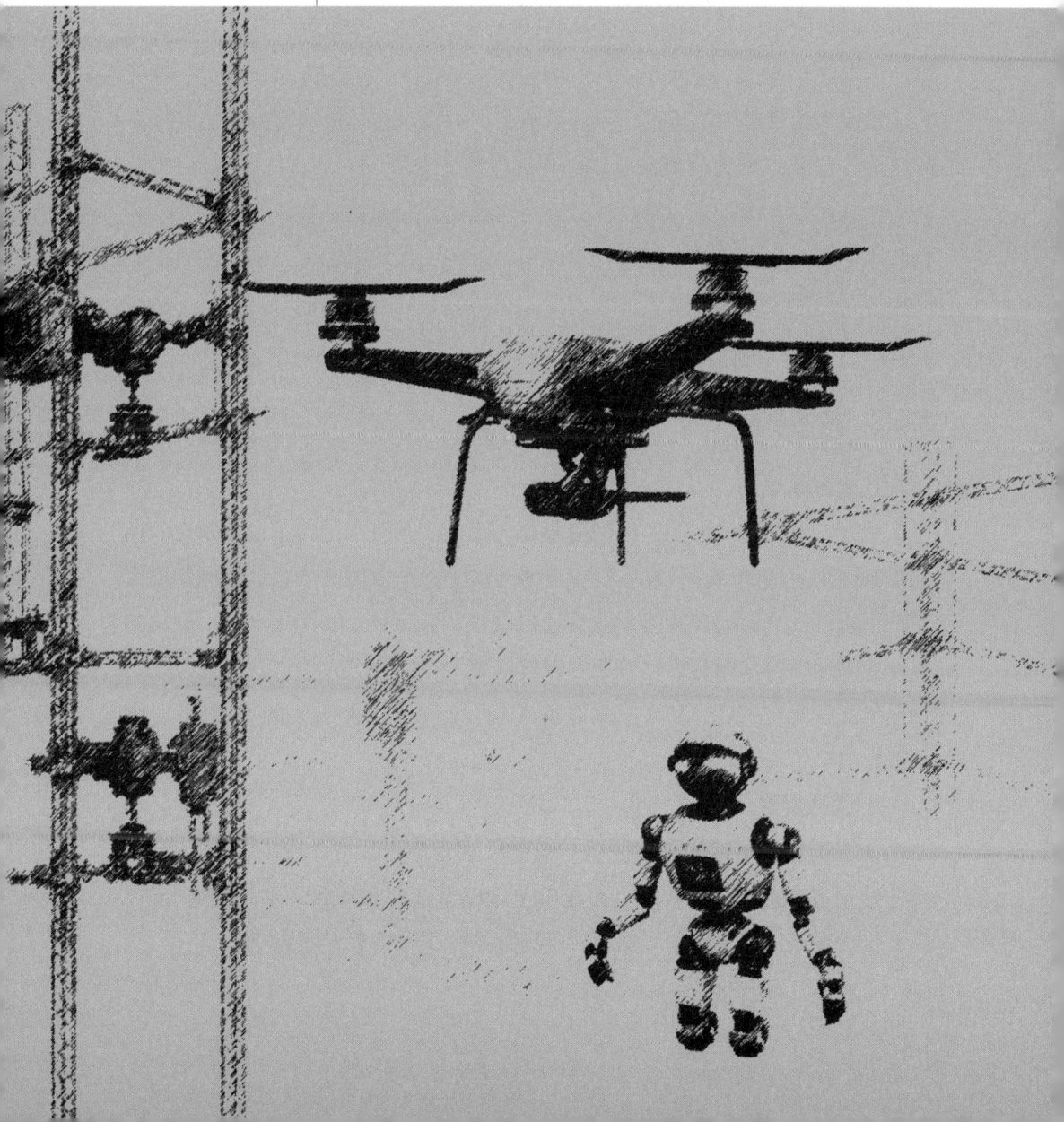

3.1　应用案例 1　输电线路智能巡检体系建设

应用单位：国网湖北省电力有限公司十堰供电公司（简称十堰供电公司）。

3.1.1　背景目的

十堰地处湖北省西北部，是鄂、豫、陕、渝毗邻地区唯一的区域性中心城市，起着承东启西、通南达北的作用。随着经济快速发展，社会对电力供应的需求日益增长，电网互联及电网规模不断扩大，电网安全、稳定、高效的运行成为运维部门的重责。十堰供电公司高度重视输电线路智能巡检体系的建设，按照省电力公司输电线路智能巡检工作要求，自 2023 年开展智能巡检体系建设工作以来，重点针对线路巡视的路径采集、缺陷归档以及外破点监测等方面进行新方法的研究及应用，运维工作效果明显。推动创新智能巡检体系的建设，在带来先进管理理念和科学管理方法的同时，创造了良好的管理效益、经济效益和社会效益。

3.1.2　技术方案

1. 技术原理

十堰供电公司按照国家电网有限公司建设"具有中国特色国际领先的能源互联网企业"的战略目标，以"立体巡检＋集中监控"为输电运检新模式的转型思路，全面提升输电专业管理精益化、数字化、智能化水平，推动输电专业管理、技术的智慧化升级。通过搭建地市电力公司输电运维业务数字化全景智慧管控平台，初步实现设备状态全面管控、业务流程简洁高效、电网运行安全可靠。

2. 实施步骤

十堰供电公司围绕核心目标，制定智能巡检体系建设的各项实施步骤，具体从制定专业管理流程图、搭建输电线路智能巡检平台、加强数据分析，精准指导线路运维工作和实现运检现场管控透明化四个方面展开。

3.标准化应用

（1）搭建输电线路智能巡检平台。

1）移动巡检路径规划。针对移动巡检过程中面临的巡检路径选择、巡检缺陷记录及巡检缺陷上报等困难，十堰供电公司同步移动端采集的数据，开发移动终端 App，统计 202 条线路巡线路径，应用遗传算法筛选出最优的巡视路径，实现巡检导航、缺陷记录及缺陷上报一体化与实时化。

2）巡检资料数字化管控。针对十堰地区线路巡检范围大、周期长引发巡检资料汇总、分析不及时的问题，以智能巡检平台为中枢，通过巡检终端实时回传巡检任务、人员定位、巡检缺陷等信息。依托信息平台强大的耦合分析功能，对巡检数据进行实时分析与归档，实现了巡检数据的随时调取、随时查看、随时使用和随时分析，促进了巡检工作的闭环化管理。

3）重点区段在线监控。为了实现输电线路管理精益化的目标，十堰供电公司依托智能监控平台，重点开发"视频防外破监控"功能，在有施工迹象、人员密集、三跨区域进行安装，对施工外破行为能够自动识别、主动告警、重点推送，变被动巡查为主动检查，减少了人员、车辆投入。对 28 个固定施工点实现了重点布控，全天候监控功能、风险声光告警功能、夜间警示功能，解决外破隐患发现、汇报不及时等问题。

4）巡检设备出入库集中管控。随着无人机在输电线路巡检中的应用比重日趋增大，无人机及无人机电池数量急剧增加。现有工作模式使无人机及无人机电池难以得到有效的管理，不仅降低了无人机及无人机电池的使用寿命，还给无人机巡检带来了不确定的风险。以智能巡检平台为核心，配合无人机智能存储设备对无人机及无人机电池进行了统一的管理，利用巡检任务绑定的模式，实现了无人机飞行里程的严密监控，为无人机的维护与更换提供了有力的数据支撑。利用集中并冲蓄电模式替代以往分散的排冲模式，提高电池使用寿命的同时提高了电池的充电效率。

（2）加强数据分析，精准指导线路运维工作。对近 5 年以来的跳闸数据进行分类、汇总、分析，找出共性点。分类汇总找特点，对鸟害、外破、雷击等不同跳闸类型事件进行分类汇总，从跳闸时间、放电痕迹、气候特点等进行分析，形成总结材料。测距比对看方向，对同条线路多次跳闸时的测距信息进行分析，通过对比了解测距定位的偏向及偏离的大致距离，制定故障查询重点区段。十堰供电公司目前已编写《十堰主网防雷分析及对策》《输电线路雷击故障查找指导书》，累计开展故障查找培训 107 人次，提升了一线人员的故障查找水平。

（3）实现运检现场管控透明化。为全面、有效控制各类作业安全风险，十堰供电公司全面推行日管控工作机制，覆盖全部停电检修作业和有风险的不停电作业现场，移动布控球、移动巡检手持终端、视频图像在线监测等装备的应用为日管控提供了技术支撑。在线监控室内管理人员可实时查看现场作业人员的位置、巡视轨迹、工作任务的查询。必要时可启动视频会商模式，实现指挥部与现场的视频通话。通过对无人机安装飞行监测硬件模块，也可实时监测无人机现场飞行的位置和状态信息。

3.1.3　应用效果

1. 通过数据分析，大幅提升工作质效

通过数据分析，针对性地开展防外破、防雷等工作，近 2 年来输电线路外破、雷击跳闸率分别下降了 66.6% 和 31.2%，利用平台收集整理巡检图片45000 余张，记录各类缺陷 6000 余条，在各类线路巡视和保电任务中发挥集中调控的功效，结合无人机、激光清障机等新技术应用，开展消缺工作 34次，减少线路非停 15 次。

2. 提高巡视、检修现场作业管控能力

通过无人机开展本体精细化巡检，全面提升自主巡检能力，在已完成93.6% 航线建立的基础上，实现无人机自主巡检。通过可视化开展通道常态化巡检，替代传统人工通道巡视模式，重点管控重要跨越区段、外破易发区段和其他重要区段，对通道内的异常情况实施预警推送。应用智能巡检平台，山区线路巡视时间占比明显下降，巡视质量管理和人身安全得到了保障，提升了运维质量。同时通过平台远程监控停电检修 27 笔、带电作业 11 笔，发现作业过程中违章 7 次，均通过远程监控及时进行纠正。

3. 从被动处置向预警防控转变

借助平台开展故障、缺陷及隐患处置智能辅助和作业安全智能防护工作，实现线路故障、缺陷和隐患的高效智能处置，及时发现并制止了 20 余起外破未遂事件。近一年来，十堰供电公司有效管控了 46 个固定外破点，未发生责任性跳闸，开展无人机自主精细化巡视，合计发现销钉级缺陷 21 个，及时发现并消除线路危急缺陷 11 处，配合完成 220kV 线路等电位消缺 3 笔，保障线路安全稳定运行。

3.1.4　亮点与创新

实现了人工巡检向智能巡检转变。通过深化数字化应用，实时掌握设备本体及通道运行状态信息，支撑运检业务智能化开展，实现全业务流程的数字化，夯实专业管理基础根基。亮点有：①巡检工作由原来的人工作业，变成了人机协同；②巡检任务由原来的结果管理，变成了过程管控；③缺陷记录由原来的人工填报，变成线上生成；④巡检现场由原来的各自为阵，单线管理，变成了信息协同，联合作战；⑤业务流程由原来的层级过多，响应滞后，变成了扁平管理，同步闭环。通过平台综合各类缺陷、故障信息进行分析，从人工巡检向智能巡检进行转变，利用无人机对高山区段杆塔进行巡视基故障点查找，提升山区、重要线路的巡视基故障查找质效，近 2 年节省人力物力价值约 50 万元。

3.1.5　问题与改进

1. 存在问题

随着智能巡检平台的建设和应用，遇到的问题主要表现在部分员工对新建系统、无人机等使用存在困难。

2. 改进措施

为确保智慧运检体系建设的长效机制，十堰供电公司积极培育创新文化，营造尊重创新、鼓励创新、崇尚创新的良好氛围，全面加强对青年创新人才的培训，实现公司与个人的共同发展，邀请系统内外专家对骨干成员开展无人机拓展业务、三维实景及可视化相关平台业务培训，再由骨干成员对一线员工开展内部培训，确保骨干成员能够使用专业级无人机，掌握新式拓展业务，了解无人机维护相关方面的知识，初步具备动手解决无人机故障能力，确保基层班组的班员都能够掌握简单的无人机操作技能。

3.1.6 推广价值

本案例广泛适用于山区输电线路智能运检体系建设的推广和应用，可有效降低设备跳闸，缺陷、隐患发现率提高 30% 左右，设备运维水平提高 20% 左右。

3.2 应用案例 2 "标准网格 + 智能接单"输电线路立体巡检新模式

应用单位：国网湖北送变电工程有限公司。

3.2.1 背景目的

1. 建设背景

随着华中"日"字形特高压环网的形成，湖北境内超特高压线路长度国网第二，密集输电通道长度国网第一，国网级重要输电通道数量多。为应对湖北电网线路运维难度大、要求高，无人机巡检效率提升慢等问题，2023 年以来，国网湖北送变电工程有限公司建成湖北特色的"1346"无人机巡检体系，创新提出"标准网格 + 智能接单"无人机立体巡检新模式，推动全省机巡模式变革。1346 无人机巡检管理体系如图 3-1 所示。

2. 旧模式存在问题

（1）业务标准不统一，规模应用受阻。以往的无人机巡检在作业场景、辅助工具和数据标准等业务方面不统一，极大限制了机巡质效、投资成效和规模实效。

（2）自动化程度不足，人力资源受限。传统的无人机巡检在机巡操作、

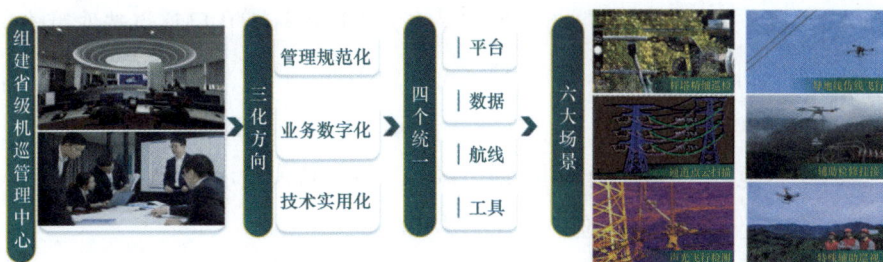

图 3-1　1346 无人机巡检管理体系

数据分析和业务流程方面自动化程度不足，导致人力资源效能利用不足。

（3）管理模式不匹配，协同效率受困。在机巡策略、资源调配等方面未能充分发挥机巡效能和实现跨专业融合，机巡人员配置错位导致协同效率不足。

3. 主要目标

以 220kV 及以上输电线路为主线，综合考虑无人机飞行半径和地形环境等因素，建立无人机巡检标准化网格点，利用标准化网格点和航线自由组合，将无人机巡检任务与网格点匹配关联，使用无人机、移动机场、固定机场等执行方式接单，形成"标准网格 + 智能接单"巡检模式，完成巡检模式从沿线逐塔巡检到按面逐网格巡检的转变。

3.2.2　技术方案

1. 技术原理

建立无人机巡检标准网格点，将机巡任务与网格点匹配关联，应用车载式移动机场、便携式移动机场等智能巡检装备，确立了"标准网格 + 智能接单"巡检模式，实现机巡任务远程控制、一键起降巡视、成果标准命名、数据自动回传等全流程管控。

2. 实施步骤

（1）确定路线。确定网格化巡检涵盖的作业场景和流程，作业场景包括通道巡检、精细化巡检及声光飞行检测等，作业流程分为标准航线规划、网格点选择、人工试飞优化、机场验证调整、任务执行、数据分析整理。

（2）确定网格点选取策略。编制《无人机巡检标准化网格点选取策略》，按照交通便利、辐射面广、信号稳定、安全无碍、视野开阔、网间重叠的原则选择网格点。

（3）示范区先行。选择荆门掇刀区为"机巡替代"示范区，实现区域内输电线路机巡全面替代人巡，替代率达 95%。

3. 标准化应用

（1）建立标准化巡检网格点。依据《无人机巡检标准化网格点选取策略》，编制实施方案，明确任务范围、人员及计划安排等，各运维单位以辖区内 220kV 输电线路为主线，全量完成所辖线路网格点选取。无人机巡检标准化网格选取示意图如图 3-2 所示。

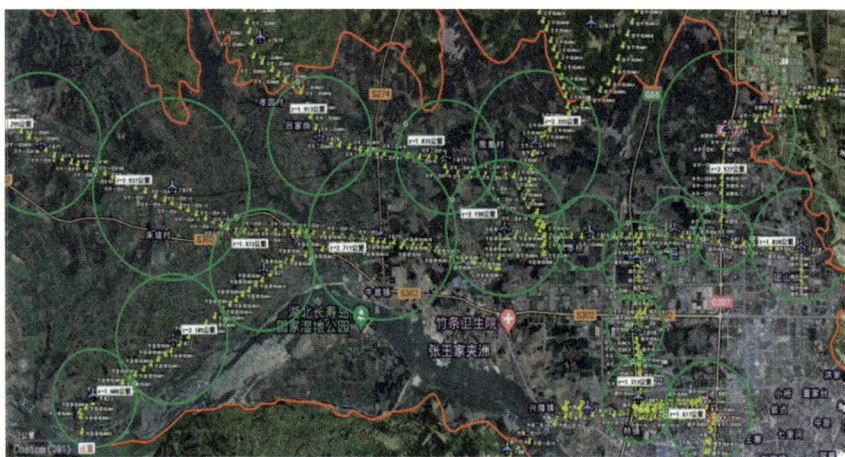

图 3-2　无人机巡检标准化网格选取示意图

（2）配置网格化巡检装备。网格化巡检装备包括具备 RTK 功能的无人机、移动机场等智能巡检装备，RTK 无人机配置占比不低于 80%；车载式移动机场规模小的地市电力公司 1~2 台，规模大的地市电力公司 2~3 台。便携式移动机场配置率不低于 2 台 / 班组。

（3）现场验证网格点。各单位结合无人机巡检工作，通过无人机自主巡检、移动机场的应用，对初步选定的标准化网格点进行现场飞行验证，调整或剔除航段不匹配、信号弱、车辆到位困难的点位，优化网格点覆盖范围。

（4）抽查验收网格点。通过技术督查对各单位网格点建设情况开展验收，重点关注网格点选取合理性、机巡任务执行情况与网格化巡检成果。省级机巡中心对各单位"标准网格＋智能接单"机巡模式应用情况进行考核评价，总结和推广优秀经验。

（5）全面应用机巡新模式。各单位利用机巡微应用派发任务单，移动机场智能接单、远程操控，将机巡任务与网格点匹配关联，实现六大机巡场景在"标准网格＋智能接单"模式下的全面应用。

3.2.3 应用效果

1. 数据支持

（1）取得的总体成效。目前在湖北省全省范围内完成 15088 处网格点选点，如图 3-3 所示，实现 220kV 输电线路全覆盖，完成三轮全量巡检工作，无人机自主巡检覆盖率达 100%，累计发现缺陷 18022 条，隐患 22582 条。持续推进自主巡检规模化应用向低电压等级延伸。

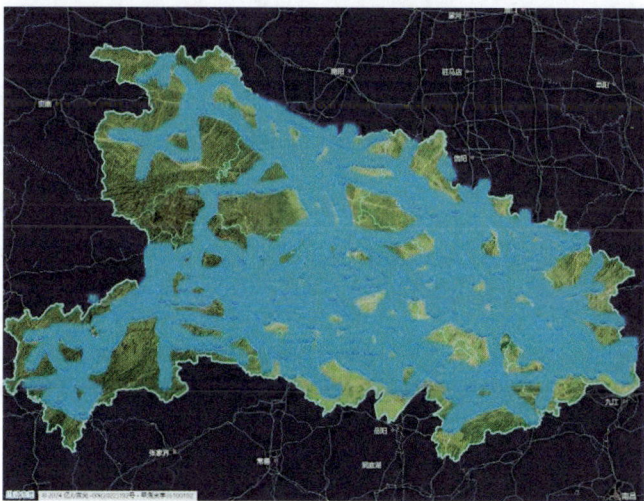

图 3-3 全省网格点选情况

（2）产生的经济效益。

1）直接的成果转化效益。项目成果"一巢多机"依托相关企业向全省

16 家生产单位进行生产销售，节约投资 1080 万元。机巡平台统一部署分析软件全省免费使用，累计下发激活码 425 套，节约资金近 1200 万。

2）间接的成本压降效益。通过"一巢多机""便携式机场"等装备开展无人机网格化巡检、智能研判等工作，巡检效率提升了 10 倍，节约人力成本约 92.5%，运维工作的效费比显著提高。成本压降效益如图 3-4 所示。

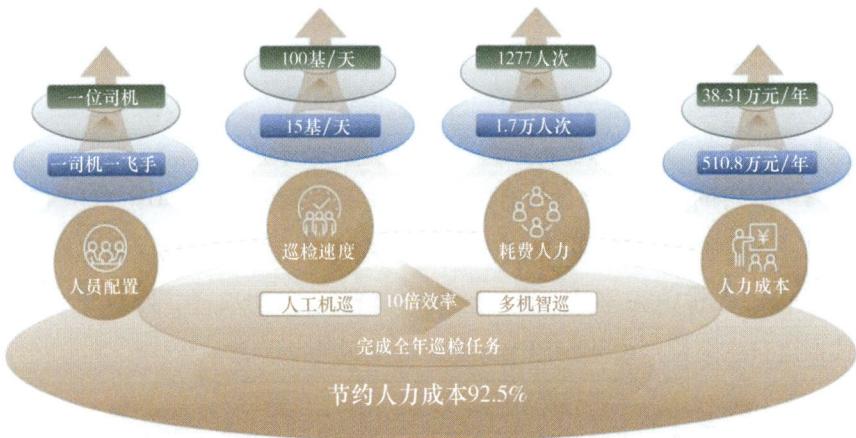

图 3-4　成本压降效益

2.实例分析

以荆门高新区为示范点，按照网格化、少人化、远程化、数智化巡检原则，用机巡最大化替代人巡，利用标准网格开展各类作业自主巡检，数据实时同步至机巡平台，实现透明化管理，为现场运维提供数据支撑，提高夜间红外巡检隐患发现率，扩大巡查范围，通过设定多条巡查路径，每日多次飞行，保障异常情况及时发现。

3.2.4　亮点与创新

1.数据赋形——统一平台，数据融通

建立省级机巡管理中心，完善机巡制度、统一技术要求，实现巡检业务的标准化。统一分析工具，免费使用航线规划、点云分析、红外检测三大工

具，实现全省机巡数据全面统一。统一业务流程，构建全省统一的机巡平台，全面拓展六大典型作业场景，实现全业务流程贯通。

2. 业务赋能——高效自动，作业无忧

优化改进数据处理技术。8 倍无损压缩巡检照片，大幅减轻平台网络带宽和储存资源压力，实现巡检照片"即飞、即传、即算"；平台自动抽取通道报告数据，实现全省通道信息透明化管控。

自主研发巡检装备。自主研发车载式移动机场，集起降平台、无线传输和自动控制等技术于一体，巡检作业效率提升 3~6 倍。开发操作便捷、适用性强的统一飞控 App，一键完成外业全流程作业，现场起飞执行效率提高30%。

创新提出智能评估方法。部署三套图像智能识别算法，提高缺陷隐患识别精度，赋予每个机巡缺陷隐患基础积分和发展积分，国网系统内首次建立了以发展趋势管控为基础的状态评价体系。

3. 管理赋值——航班管控，跨界出圈

创新机巡模式。利用"标准网格 + 智能接单"机巡模式，仅需一人携带智能巡检装备，便可自动完成网格内全部巡检任务，彻底改变机巡模式，综合质效提升 10 倍以上。

创建"自主飞巡 + 集约分析"模式。优化人力资源配置，在外业飞巡上，降低作业门槛，实现人人都能飞巡；在内业分析上，统一管理作业计划，推动机巡指挥分析工作专业化、集约化。

3.2.5 问题与改进

1. 遇到的问题

照片回传没有一键命名，回传后的海量数据人工识别难。

2. 改进措施

设置标准航线规则，每个航线内置标准化航点命名规范，对机场的飞控读取航线做改造，在无人机巡检图片回传至机库的时候同步开展照片命名，如图 3-5 所示，解决巡检人员命名耗时久的问题，同时配置 3 套可见光识别算法组合，10min 内完成算法初筛，辅助人员迅速开展机巡数据查看、决策。

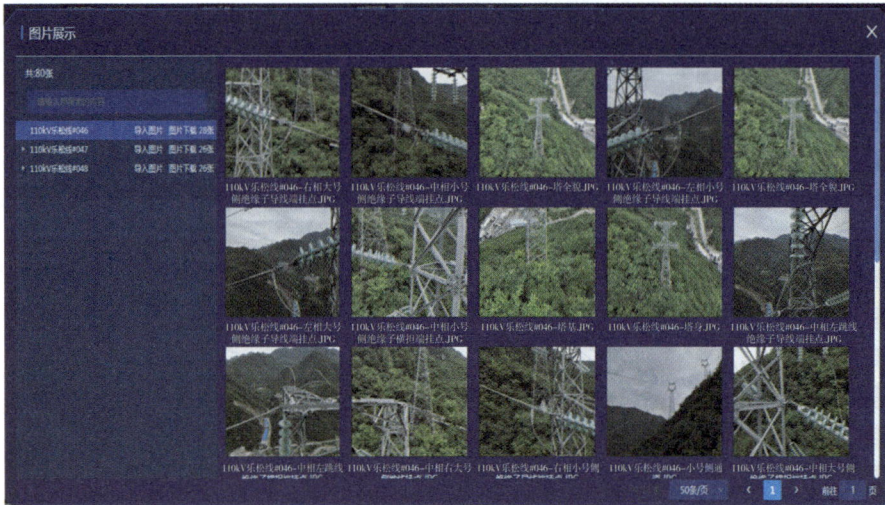

图 3-5　无人机巡检图片回传至机库的时候同步开展照片命名

3.2.6　推广价值

项目以无人机实现"少人化、无人化"运检，进一步提升线路运维工作质效，促进高质量发展，具备在全国全面推广的条件。

实践经验丰富，具备推广价值。本项目在无人机智能巡检领域中挖掘了多种典型场景应用，在飞巡体系建设、智能化应用、飞巡模式改革等方面提供了经验，并在湖北省内得到广泛应用，具备在配电、变电及社会其他行业应用的条件。

技术创新先进，引领行业革新。项目率先引入了 AI 算法、图像压缩技术、RTK 定位、红外测温等先进信息技术，创新研发以"一巢多机"为代表的多种新型机巡设备，打造了完整的机巡技术体系，为输电专业无人机航迹自动规划和一键自主飞行奠定了良好基础。

3.3 应用案例 3 以数字化"工单驱动＋智慧巡检"为基础的供电设备运维管理

应用单位：国网荆州供电公司变电运维分公司。

3.3.1 背景目的

为加快适应"十四五"电网大规模建设需要，国网荆州供电公司变电运维分公司以数字化转型为抓手，调研近十年的电网建设发展趋势，总结当前面临的人少设备多、班组承载力不足、运检任务疲于应对的基层现状，明确供区负荷逐年递增、设备规模迅猛增加、电网可靠性需求攀升、人工智能技术日新月异的发展现状，瞄准输、变、配三大核心生产专业，基于以"云大物移智"为代表的数字技术，对电力系统输变配等环节的运行进行智慧巡检、智能监视、自动处理、自主分析，形成了以数字化"工单驱动＋智慧巡检"为基础的供电设备运维管理模式。

3.3.2 技术方案

1. 技术原理

本项目主要包含以下技术理论：

（1）基于三维激光点云与倾斜摄影的三维建模技术，项目中变电部分创新采用激光点云与倾斜摄影模型叠加的技术手段，满足航线规划毫米级精度与可视化精准捕获巡检预置位的要求。

（2）基于"工单驱动＋智能巡检"的大数据与智能巡检融合应用技术。本项目充分利用集控站海量数据，借助大数据分析技术捕获异常设备信息，生成"数字工单"，跨信息大区联动，驱动站端无人机、高清摄像头自动巡检异常设备，自主开展现场异常设备巡视。

（3）基于多元化智能巡检技术的立体巡检点位分配与规划技术。针对大规模变电站复杂的设备环境，建立标准化变电站巡检点位库，低空巡检点分配给高清摄像头／机器狗，中高空设备分配至无人机，针对高、中、低三层及Ⅰ类／Ⅱ类／Ⅲ类巡检点位，形成分层分级的标准化预置位分布。

（4）基于"航班制"的输变配无人机综合巡检技术。充分利用站内枢纽作用，建立以变电站为网格的输变配辐射航线库，综合考虑设备巡检周期和优先级，形成固定航班和延误复飞复巡机制，自动开展周期性设备巡检工作。

2.实施步骤

（1）建立变电站三维激光点云和倾斜摄影实景模型，完成站外输配电线路的航点采集与航线收集；根据《国家电网变电站区域远程智能巡视技术规范》《电网设备无人机自动巡检技术导则》，结合站内设备台账，建立变电站巡检点表，按照"分层分级、横平竖直"的原则规划站内巡检航线，通过单机版无人机完成航线验证和航点纠偏，形成标准化、实用化航线，并将盲区、低空区域、偏离主航线的航点分配至高清摄像头／机器狗。

（2）针对海量监控信号，建立异常信号定向智能巡检信号库，利用自然语言提取技术，训练大数据模型，在精度90%的训练结果下，配置"数字工单"，与第（1）步的航线进行定向关联，打通"工单驱动＋智能巡检"的作业技术路线。

（3）开展变电站内智能巡检终端点位精细化分配，确定无人机、机器人、机器狗或高清摄像头的巡检点位，形成点位分配精细化列表，确保站内Ⅰ类、Ⅱ类点位全覆盖，每类智能巡检设备形成按设备间隔或巡检区域分配的标准化巡检轨迹。

（4）整合输变配无人机巡检航线，开展输变配一体化航班规划，建立以电压等级、设备类型、用户重要级等综合评价标准的航班优先级和延期复飞机制，形成自动化、智能化、自主化航班调配模式。

（5）针对远程智能巡检平台自动生成的智能工单及航班智能巡检信息，建立缺陷识别算法库，完成标记数据读取、设备异常类型研判等缺陷识别工作，并针对巡检结果自动生成巡检报告，异常数据推动人工复核功能，经人工确认后推送至生产管理系统，进入设备检修消缺流程。

"工单驱动＋智能巡检"线上流转流程图如图 3-6 所示。

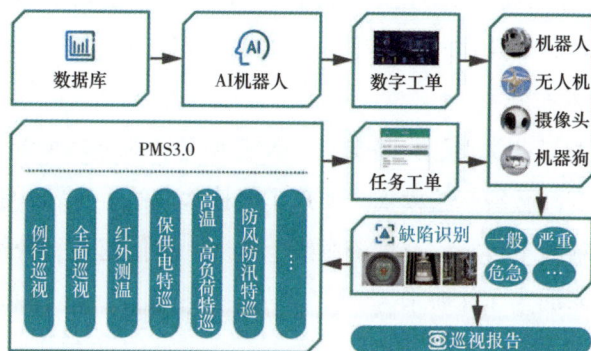

图 3-6 "工单驱动＋智能巡检"线上流转流程图

3.3.3 应用效果

1. 人员减负方面

据运转统计发现：单条输电线路的平均作业时长由原来的 70min 缩减为 20min，单座变电站的平均巡视时间由原来的 150min 缩减为 60min，单条配电线路则由原来的 50min 缩减为 15min，有效解决了基层班组承载力不足的矛盾，保障了居民企业高效可靠用电。智能巡检各类巡检作业与人工巡检用时比较如图 3-7 所示。

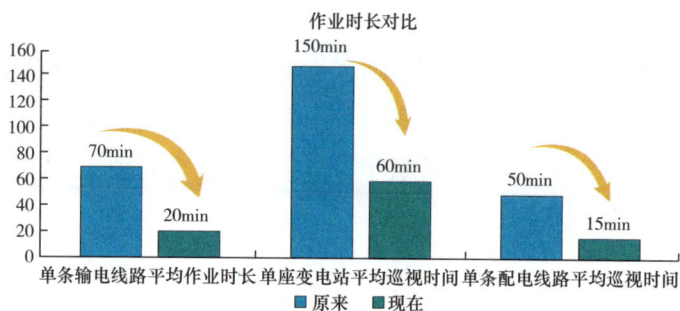

图 3-7 智能巡检各类巡检作业与人工巡检用时比较

2. 资源互通方面

现已建成智慧巡检示范区，该区部署固定机巢 7 个，移动机巢 15 台，固定翼无人机 2 架，共计绘制航线 2468 条，预制设备巡检点 49360 个，巡检范围可以辐射至周边 22 座变电站和 569km 输配电线路，涉及供区面积 512km²，保供客户 136 万户。

3. 精益运检方面

根据输变配设备类型、设备布局、设备型号，规划输变配样本航线 172 条，形成了输变配数智运检模式，实现了巡检作业线上流转、巡检计划线上报送、指标看板线上可视、全域资源线上调度。智能巡检平台输变配智能巡检管控特色功能如图 3-8 所示。

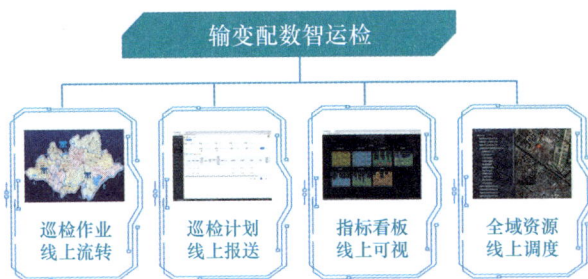

图 3-8　智能巡检平台输变配智能巡检管控特色功能

4. 应急处突方面

2024 年，在荆州市荆州区冻雨天气来临前，管控中心紧急调度供区无人机资源，搭建"输—变—配"航班—张网，充分利用机巢网格航力辐射范围，发挥固定机巢续航能力，共发现树障 258 处、飘浮物 12 处，发现危机缺陷 1 处、一般缺陷 8 处，管控中心迅速派单隐患清理，两轮冰冻天气期间，整个荆州区仅出现 1 起雷击跳闸，完成了应急指挥的重要实践，应急工作得到当地政府部门的高度认可。

3.3.4　亮点与创新

（1）聚焦运监业务痛点，打造工单驱动平台，实现"集控＋站端"定向巡检。针对监控海量信息刷屏、运监电话传达不及时、人工巡视费时费力等痛点问题，打造工单驱动大数据平台，实现海量数据自动清洗、数字工单自动派送、巡检结果自动生成、异常信号线上闭环，形成"一站式"异常处置模式。监控信息智能工单驱动作业系统技术框架如图3-9所示。

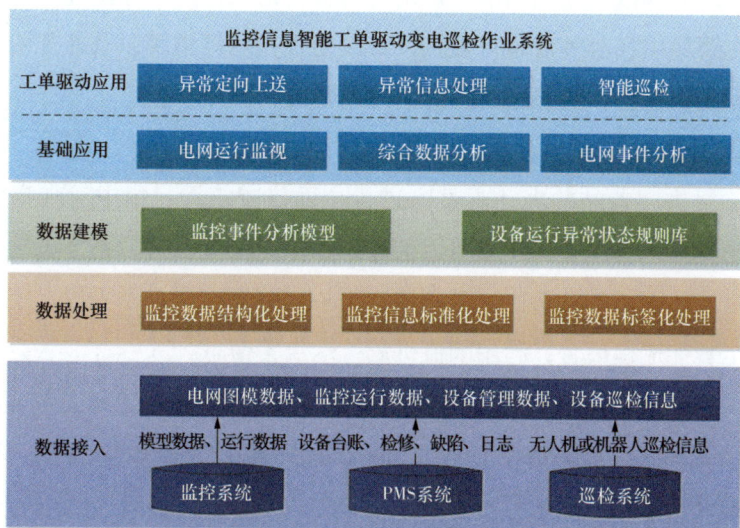

图 3-9　监控信息智能工单驱动作业系统技术框架

（2）聚焦基础运检难点，建立"五位一体巡检体系"，实现输变配多场景智慧运检。针对输变配人工巡检及时性差、巡检存在死角、人力资源承载不足等难点问题，建立"空天地立体＋室内协同"五位一体的立体巡检体系，满足多元化场景、巡检点位全覆盖的应用需求。

（3）打破专业管理壁垒，开创共享航班作业模式，实现智检资源最大化利用。破除各专业资源自用的传统模式，推行输变配航班制巡检模式，定制"固定、临时、紧急"三类航班，实现"站站飞、站线飞、站内飞"的跨专业联合作业模式。

3.3.5　问题与改进

1. 遇到的问题

（1）设备老旧制约巡检数据采集质量。目前荆州供区老站占比大，大量老站存在表计不清晰、油位线模糊等问题，对智检设备巡检精度有较大影响；且部分 GIS 变电站表计数量庞大，位置多数位于巡检死角，增加了航线设计的难度。

（2）现有算法模型制约缺陷识别可靠性。区域性样本库多样性欠缺，目前巡检主要集中在红外设备、表计读数、压板指示灯识别以及外观明显裂痕等显著缺陷识别上，对隐患发展初期的识别精度较低。

2. 改进措施

（1）对供区老站的表计观察窗进行全面排查统计，集中对观察窗进行集中维护更换，确保智检设备可以清楚地获取可见光照片，精准识别表计读数；针对 GIS 站表计数量庞大的问题，采取表计数字化技术手段，将表计数据传送至智能巡检后台，利用阈值机制推送告警信息。

（2）针对缺陷样本和识别精度之间的矛盾问题，目前国家电网有限公司正在企业范围内收集缺陷样本库，后期嵌入国家电网有限公司深度训练的算法库，提升缺陷的识别精度。

3.3.6　推广价值

通过打造数字化运检平台、实行五位一体智慧巡检，实现从工单驱动、自动监盘、实时感知、智能分析、精准研判、快速响应、过程管理、事后复查的全过程闭环管控。平台将引领新时代运检模式新变革，减少人力，提高设备使用效率，促进专业协同发展，带来巨大的管理效益和经济效益。

1. 管理效益

（1）实现风险从指令驱动到主动作业的转变。以工单驱动模式，结合航班制度，可将传统的被动巡检转变为主动巡检和精准巡检，大大提高工作效率和管理效率，有效降低相应管理成本。

（2）实现巡检从分类实施到集中查检的转变。立体巡检的使用，让数字模型和特征画像更直观，实现"一次巡检、多方使用"，将"多次巡检"转变为"统一巡检"，耗时减少 50%。

2. 经济效益

（1）降低人力成本。实现了远程巡视、可优化资源配置，提高运检效率。

（2）减少检修成本。设备故障早发现、早维护，减少故障率。

（3）节约设备成本。减少输变配重复性采购，节约无人机、机器人设备采购 2/3 的资金。

3.4 应用案例 4 无人机自主巡检和缺陷智能识别规模化应用

应用单位：中国电力科学研究院有限公司武汉分院。

3.4.1 背景目的

输配电线路稳定运行是中国能源安全的基础，线路跳闸会严重影响居民生活与工业运转，造成重大的社会影响与经济损失。据统计，中国每年因机械施工、异物、山火等造成的线路跳闸超两千余次，经济损失上百亿元。国内输电线路里程已突破 120 万 km，配网线路超过 1500 万 km，沿途环境复杂、人类活动影响大，传统巡检模式已不适应新型电力系统运维需求。通过无人机自主巡检及时发现缺陷隐患是避免线路跳闸保障线路安全运行的重要基础。目前无人机线路巡检运维存在三方面问题：①初期无人机巡检依靠人工操作，质量不一，且耗时长；②海量巡检图像人工阅图质量不一、耗时费力，准确率难以保障；③巡检平台标准不统一、体系不完善，算法智能化水平无法满足运维需求。亟须应用新技术围绕无人机自主巡检方法、缺陷及隐患识别模型效果提升开展技术攻关，进一步提升线路运维保障水平。

3.4.2 技术方案

1. 技术原理

无人机自主巡检和智能缺陷识别规模化应用技术上可分为线路无人机自主巡检拍摄采集和人工智能巡检图像缺陷识别两大部分。

针对线路本体和通道的高效率无人机自主巡检技术规范图像采集。对输电线路基于杆塔三维点云模型一键规划标准航线，对配网线路采用基于线路坐标和视觉辅助的自主巡检航线规划；设计基于视觉反馈的前端辅助拍照，保证了图像采集质量；根据线路和拍摄部位自动化命名支持后续智能应用；实现巡检图像的高效、高质量、规范化采集。

针对自主巡检产生的海量巡检图像，设计无人机微应用实现业务数据全线上流转；构建百万级缺陷样本库，实现缺陷类型全覆盖支持模型按需训练，夯实人工智能数据基础；常态化开展算法培育，定期组织集中测试，遴选优秀模型在一线应用；采用大小模型融合应用的方式识别线路本体及通道缺陷隐患，大幅减少人工审核工作量，辅助编制检修计划指导现场及时消缺，实现无人机巡检业务闭环。

2. 实施步骤

（1）设计标准化的无人机航迹自动规划方法提升巡检效率。对输电线路综合线路台账和高精度三维激光点云数据，融合北斗差分定位、无人机姿态测定、云台相机自主控制等技术，按无人机巡检飞行距离、标准拍照顺序一键生成巡检航线，单塔巡检时间由 30min 降低至 8min。对配电线路，综合高度、坐标、方位和视觉信息，实现基于视觉辅助导航的航线自动规划，单塔由 5min 降至 2min 以内。

（2）设计前端辅助拍照算法保障图像拍摄质量。针对无人机巡检采集图像质量易受光照环境影响，设计了基于视觉反馈的无人机位置、云台角度、相机光圈闭环控制策略，显著提升图像采集质量。无人机执行巡检任务时，通过前端模块自动识别拍摄目标、智能调节云台姿态保证目标设备居中防止漏拍，自动调节相机参数，实现逆光、背光等非理想光照情况下的高清晰图像采集，减少 80% 以上漏拍、拍摄质量不符合要求等原因造成的复飞。并结合电压等级、航线位置、拍摄设备实现图像自动命名，支持后续语义分析和视觉及文本大模型应用。

（3）构建线路缺陷隐患样本库夯实数据基础。针对输电巡检图像数量庞大、质量各异、标注难以统一的问题，提出了数据驱动的多模态融合与增强学习方法，采用计算机图像和对抗网络等技术，实现低质量样本修复和少见缺陷样本扩充；研究高价值样本优选策略，实现待标注样本在类别、场景、形态等方面数量的均衡；建立输电巡检图像标注规范体系，建成了国内外数量最大、种类最全的百万级输电线路缺陷与隐患样本库，实现 700 余已知缺陷类别的全覆盖，支持大模型和专业模型按需训练调优，支撑常态化开展算法培育。

（4）大小模型融合应用提升缺陷隐患识别效果。针对输电线路本体巡检图像分辨率高、缺陷尺度小、类别分布不均、模型难以训练等问题，通过大模型和专业模型融合互补的策略。在模型训练过程中采用端到端方式训练，增加形态少见、识别难度高的样本训练频次，提升模型对少见类别缺陷的识别精度；根据缺陷类别及数量计算图像不同区域的价值，将高价值区域加入待训练样本队列，大幅提升了细粒度缺陷的识别精度；采用置信度加权方式，将大模型和小模型的输出结果进行过滤，提升精确性并降低误差。组织集中测试科学量化评价模型质量，并遴选优秀模型现场应用，组织开展模型应用效果跟踪评价，促进人工智能识别技术实用化水平提升。

3.标准化应用

（1）对照《Q/GDW 12319—2023 输变电设备缺陷影像智能识别算法检验规范》，在无人机微应用中集成人工智能缺陷识别算法，并组织历年国家电网有限公司输电算法集中测试，全面满足标准通用、测试样本集、检验环境、检验指标及方法、检验及判定规则要求，遴选优质算法模型在 27 省公司一线推广应用，提升海量巡检图像分析处理的智能化水平，及时发现缺陷隐患，大幅降低人工审核工作量。并将成功经验推广至配电无人机智能巡检。

（2）对照《DL/T 2697—2023 架空输电线路无人机巡检数据自动采集及处理规范》标准，设计无人机自主巡检相关技术规范，全面满足巡检作业、可见光影像、红外热图的数据采集及处理规范要求。

（3）对照《架空输电线路运行规程》（DL/T 741—2019），设计输电线路无人机巡检业务流程，满足对线路本体设备和通道的巡视方法和巡视周期要求。

3.4.3 应用效果

1. 数据支持

基于前端智能的标准化无人机自主巡检，输电单塔平均巡检时间由30min 降低至 8min，配电单塔由 5min 降至 2min 以内。建成百万级样本库，覆盖全部 700 余类已知缺陷隐患支持大小模型训练，输电缺陷隐患缺陷发现率达到 87%，配电缺陷隐患发现率达到 84%。

2. 实例分析

依托无人机自主巡检和智能缺陷识别相关技术成果，形成标准规范，推进 27 省无人机自主巡检规模化应用，支撑数字化班组建设，提升线路运检质效。充分应用人工智能、大数据分析等技术，将巡视计划下发至基层运维班组，各单位将巡视结果回传，形成作业管理闭环，之后可通过大小模型融合应用缺陷精准识别，助力基层运维单位及时进行消缺处置，提升现场作业质效。

3.4.4 亮点与创新

（1）依据标准规范，统一制定规范化的巡检图像智能算法评测规则、评测指标，搭建标准化评测平台，开展标准化的评测，设计量化指标从不同维度加权综合评价人工智能模型的性能，遴选优质模型供 27 省公司一线应用，持续开展算法模型应用效果跟踪评价，促进人工智能技术实用化提升。

（2）提升巡检图像人工智能缺陷识别算法应用水平，提出数据驱动的多模态融合与增强学习方法，建成百万级样本库夯实数据基础，支撑大小模型融合训练和应用，实现输配电巡检图像中缺陷隐患自动识别，大幅减少人工审核工作。

（3）提出线路本体的高效率无人机自主巡检技术，融合线路台账、激光点云数据和视觉导航，适配现场输配电不同线路塔型，一键生成巡检航线，保障了巡检作业的安全性；设计了视觉反馈的前端辅助拍摄策略，实现图像标准化采集。

3.4.5 问题与改进

1. 遇到的问题

受到台系统建设、互联网大区、和总部级"两库一平台"等配套数字化平台建设进度或者政策变更影响，在内外网数据交互、通道占用、显卡资源调用等方面曾遇到问题。

2. 改进措施

优化内外网数据穿透机制，完成管理信息大区应用研发，实现人工智能平台管理信息大区、互联网大区样本自动归集、模型自动下发，实现了无人机巡检全业务线上流转，缺陷识别结果辅助检修策略优化指导现场消缺完成闭环，支撑27省公司无人机规模化作业应用。

3.4.6 推广价值

1. 经济效益

2023年，国家电网有限公司系统各单位累计巡检输电杆塔520万余基，发现缺陷62万余处，其中危急严重缺陷8.4万处，多为杆塔平口位置人工难以发现的缺陷，隐蔽性缺陷占比达75%；配网10kV架空线路全年累计巡视里程63.9万km，杆塔762.7万基，代替人工发现缺陷65.2万处，其中严重、危急缺陷5.5万处；线路跳闸率降低超过40%。无人机巡检及缺陷智能识别微应用，提高了各类缺陷隐患的发现率和巡检检修的及时性，减少线路故障3000余次，检修效率提升了500%。成果的应用实现"线路本体巡检无人机替代"的全新线路运维模式。

2. 社会效益

无人机巡检已在重大保电任务，以及近年冬季冰灾和夏季台风、洪灾等应急抢险工作中发挥重要作用，有力支撑供电保障，受到各界的高度评价。

3.5 应用案例5 基于三维技术的电网基建工程全过程智能管控应用研究

应用单位：国网江苏省电力有限公司泰州供电分公司。

3.5.1 背景目的

目前，国网江苏省电力有限公司电网建设工程面临着更加复杂的环境，工程项目利益主体多元化，工程施工期间工作内容复杂，涉及内外部协调工作量庞杂，不确定性较大，其工作深度及成果合理性直接关系到后续工程的顺利验收和企业经济效益、社会效益。近年来无人机技术的出现，给予很多行业提供了极大的便利，利用无人机能够避免工作人员在危险的环境下工作，保障从业者的人身安全。同时，无人机以其快速高效、机动灵活、成本低的属性，大幅提高了工作效率，降低了人工成本。

3.5.2 技术方案

1. 技术原理

（1）点云数据处理技术。对激光雷达采集的点云数据进行优化处理，包括点云降噪、点云滤波、点云分割、点云数据匹配和点云数据格式处理等，提升点云数据的整体质量，更好地表现目标的特征。

（2）机载激光雷达点云非均匀化处理技术。通过点云数据预处理、点云重采样、点云插值、点云融合、点云可视化增强等一系列非均匀化处理技术，可以显著改善机载激光雷达点云数据的均匀性和质量，提高后续数据处理和应用的精度和效率。在三维建模中，均匀的点云数据可以生成更加平滑、逼真的三维模型。

（3）三维数据融合处理。研究 BIM 数据转换成 FBX 格式，通过获取 GIM 数据的原始层级结构、空间几何和属性信息，充分保留原始数据的完整性，在工程应用中能够更加精确。

（4）基建项目现场特征样本库增强技术。针对目标物形状、颜色、材质等属性进行标识，形成特征物独有标记，丰富特征物的样本。同时从目标物在不同天气、气候、拍摄位置等影响因素方面考虑，针对性弱化目标物在此方面的特征属性。研发适用于基建工程的基于GAN对抗网络的样本算法，形成单样本、多样本增强技术，丰富样本库。

（5）基建项目现场特征目标检测算法技术。基于CNN目标检测算法的技术研究，提取图像中特征点，采用滑动窗口分类，相较于传统单帧子窗口分类判别，特征点位识别更清晰，并且数据处理效率更高，能够精准判断图像中的差异性。对缺陷样本中识别目标物的特征点进行提取检测，以便于在强化特征关系时，便于提高目标物的检测准确率，通过从算法检测策略上来优化，能够对样本目标物的多样、多态性进行丰富，提升检测速率。

2. 实施步骤

（1）利用无人机采集激光点云、倾斜摄影、可见光等数据，支撑平台的各类应用。

（2）将采集的数据进行预处理，提升数据的整体质量，分类整理导入平台，实现各类二维数据融合。

（3）利用三维数据和模型数据，搭建各类杆塔和施工场景，真实还原基建工程现场。通过典型样本库，利用算法模型进行各类缺陷自动识别，加以人工校核，最终将结果分级推送预警，数据自动归档。

3. 标准化应用

（1）工程安全管理。利用无人机安全检查覆盖范围广、灵活高效的特性，根据不同风险等级，制定安全巡查策略，实现中低风险定期巡查，高风险作业安全检查全覆盖。

（2）工程质量管理。常态化开展基建工程无人机高空验收工作，减少人员登高作业，大幅提高验收效率。为减轻管理人员工作强度，针对工程施工过程中常见质量缺陷，利用人工＋智能算法判定质量问题，强化事中管理能力，提高工作效率。

（3）工程进度管理。根据工程进度要求，定期开展无人机对工程进度跟踪管理巡查，形成可视化数据，为施工进度分析、造价核查等应用提供支撑，提升工程进度管控能力。

（4）工程造价管理。通过无人机采集工程现场三维地形数据，实现对施工临时设施和建筑面积等数据的测量，精确计算工程量，支撑后期结算审计对工程造价清单的复核，为工程结算提供有力的数据支撑。

（5）高风险作业场景。针对高风险作业场景（例如线路中二级风险：三跨、临近带电、整体倒塌），建立模块化三维模型，实现不同场景能复用模型进行匹配，快速搭建施工方案三维动态模拟场景。最大程度还原施工现场工艺流程，提前动态评估施工风险，校核施工方案，并最终自动生成计算书，为施工方案交底带来更加直观精确的效果。

3.5.3　应用效果

1. 数据支持

在数据采集应用成果方面，为建设部门每天可以减少 2 个人力成本，每年节约人力成本 36 万元；在缺陷识别方面可通过算法模型提升 30% 的工作效率。

2. 实例分析

考虑不同输变专业基建现场开工情况，项目组选取孙楼变电站及输电线路示范工程，通过在现场采集的样本数据进行训练算法，实现 9 类算法识别内容，其中质量方面，优先完成均压环倾斜、均压环脱落、散股 / 松股、线夹倾斜、挂点倾斜；安全方面，优先完成安差速防坠器、安全帽、安全带、腿带识别。同时利用现场采集的约 15000 张照片，从安全、质量、进度三个方面构建了基建现场典型缺陷样本库，目前还在不断积累完善中；进度和造价方面，完成施工进度与造价费用关联分析，实现不同施工阶段的造价费用展现功能；数据管理方面，实现了各类数据分类流程化归档，有效提升了数据处理效率。

3.5.4　亮点与创新

1. 工程前期

基建数字化管控平台，在可研初设阶段，通过融合运行、基建、国土等多源数据，校核路径可行性，优化设计方案。

2. 工程进度

结合工程进度要求，定期要求开展无人机对工程进度跟踪管理巡查，形成可视化数据，通过设计方案与现场施工方案参数比对（举例：现场激光点云扫描设备施工杆塔为高度25m，设计图纸杆塔为45m，通过现场施工杆塔高度与设计图纸杆塔高度比对，误差为20m，即为施工中），为施工进度分析、核查与确认提供支撑，提升工程进度管控能力。

3. 工程安全

基于电网基建工程点多面广，难以做到实时全覆盖的问题，以"四不两直"形式，依托无人机机动、灵活等优势，利用5G技术开展远程安全督查，实现施工现场画面远程回传，做到360°全覆盖，实时管控现场施工状态。

4. 工程质量

常态化开展基建工程无人机高空验收工作，减少人员登高作业，大幅提高验收效率。为减轻管理人员工作强度，针对工程施工过程中常见质量缺陷，通过无人机高空质量缺陷查看，拍摄杆塔图片、视频影像，利用人工智能算法与设计图纸进行比对判定杆塔质量，强化事中管理能力，提高工作效率。

5. 工程造价

通过对工程建设施工现场各阶段的进度情况记录及管理，与各结构、模块的造价数据及不同阶段的造价费用相关联，对工程进度款的支付提供依据。结合的真实三维地理地形环境，及时比对施工建筑偏差，为临时建筑、施工辅助设施的工程签证提供核算和确认依据，如河塘线路基础的排架施工、临时道路等，可以通过三维模型，实测实量出排架的面积。同时在三维环境中与设计数据叠加比对，能够更加精准发现未经过审批报备的设计变更情况，提高工程变更的规范管理。

3.5.5　问题与改进

1. 遇到的问题

缺陷样本质量不高及有效样本数量较少、检测目标差异、空间背景多样性、缺陷样本收集困难等给算法模型准确性带来挑战。

2. 改进措施

通过基于图像识别和北斗卫星定位系统融合的缺陷识别与定位技术样本增强技术，针对现有缺陷精准定位难、算法识别率低的情况，提出了基于图像识别、北斗卫星定位融合，以及样本增强、画布技术和训练模型网格优化的方法，构建了电网基建基于缺陷识别算法自训练学习系统和缺陷样本库利用几何、色彩、背景变换等增加样本数量，同时开展小样本的深度学习目标检测训练，共同来提升算法识别准确率。后续不断累计样本库提升样本数量，通过持续学习来不断提升算法识别准确率。

3.5.6　推广价值

1. 应用前景

平台研究对象具有普适性和典型性，同时平台具备可扩展性，正在进行后续开发，对基建工程数据进行深入挖掘与应用，在三维动态仿真方面提供更加精准更加直观的施工交底方案，能够有利于将项目成果在公司管辖的各种地理环境条件下开展推广应用。

2. 经济效益

"智能基建"体系的打造极大提高了基建现场作业管控管理水平，高效的无人机自主化、智能化使得现场作业无死角，管理更加全面，监控更加多元化，安全隐患鉴别能力更强，系统更加易用性，更具推广性。"智能基建"体系的打造可直接为各地级建设部门每工作日节约 1~2 个人工监看工作量，按一年 250 个工作日计算，节省 250~500 个工作人 / 天成本。按江苏省 13 个地市建设部人员计算，全年约为公司带来 3250~6500 个人 / 天工作成本。按照一年 250 个工作日，每工作日路程为 300km，车辆消耗 0.07L/km 汽油量计算，预计每年节约汽油使用量约6000L，直接减少化石能源使用带来的碳排放，助力"双碳"行动。通过开发无人机电网基建工程全过程管控系统，可以显著提升现场管理人员的管理水平，提升现场巡视工作效率，实现飞行服务、图像识别、机器学习算法的三效合一，为"智能基建"体系的打造奠定了坚实的基础。

3. 社会效益

提高无人机巡查智能化，推动"智能基建"体系打造。通过对图像识别、机器学习算法的深化研究、应用，切实可行地提高了基建现场监控的智能化，有了无人机自主巡查的技术加持，使得现场作业管理更加全面。传统的基建现场管理模式已不能满足日益增长的基建业务需求，将无人机智能图像识别、机器学习技术等深度结合，研究开发"智能基建"系统将显著提高输变基建作业现场管控水平，为电网基建工程管理获得更高的经济效益、安全效益和社会效益具有重要的意义。

3.6 应用案例6 基于智能无人机库的电缆终端夜间红外检测技术

应用单位：广东电网有限责任公司广州供电局输电管理一所。

3.6.1 背景目的

1. 项目背景

电缆终端发热情况复杂，现行的红外测温方法主要有两种：①通过人工手持红外测温仪现场测量；②通过固定位置安装红外摄像头拍摄。前者由于距离较远，加之白天阳光辐射的干扰，导致测量结果并非实际温度，后者拍摄角度固定，加上槽钢等构件的遮挡，导致部分细微的发热缺陷无法被捕捉，且投资高，设备利用效率较低。

2. 启动原因

为了全方位发现电缆终端的细微缺陷，亟须探索一种新的检测方法。本项目采用机库无人机开展电缆终端夜间红外检测，通过三维激光点云扫描、建模，规划红外专用航线，利用搭载双光镜头的无人机，在夜间飞越镜头与输电设备之间的"障碍"，以"近距离、多角度、全方位"的方式开展更为精细的测温，消除了光照、反射等环境影响，对于发现一些细微缺陷（温升0.5~1℃)，避免因隐患升级而引发的安全事故具有重大意义。

3. 主要目标

通过 RTK 高精度卫星定位技术，根据终端红外测温要求及环境要求，进行规划航线，无人机可对电缆终端开展 360° 全方位红外测温，进一步拓展无人机库的应用场景。RTK 背包如图 3-10 所示。

图 3-10　RTK 背包

3.6.2　技术方案

1. 技术原理

本项目主要采用激光点云采集技术。激光点云测绘技术本质上属于点云技术的一种形式。点云技术，是指通过海量点集合来表示空间内物体的坐标和分布的一种技术，通过在空中绘制出大量的点，并用这些点来形成数据集合，从而建立起三维模型来表示空间的表面特性。

三维激光扫描仪的主要构造是由一台高速精确的激光测距仪，配上一组可以引导激光并以均匀角速度扫描的反射棱镜。激光测距仪主动发射激光，同时接收由自然物表面反射的信号从而可以进行测距，针对每一个扫描点可测得测站至扫描点的斜距，再配合扫描的水平和垂直方向角，可以得到每一扫描点与测站的空间相对坐标。如果测站的空间坐标是已知的，则可以求得每一个扫描点的三维坐标。不同于架空线路三维建模只呈现铁塔和绝缘子基本轮廓即可。电缆终端由于构件较多，同时周围环境较为复杂，需要尽可能多的点云数据才能还原现场真实环境。

当前的三维激光点云建模方法主要基于线条、区域、网络和几何图形等丰富的数据特征作为进行模型表面的拟合的基本单元。电缆终端三维激光点云建模主要包括点云数据采集和点云数据处理。在数据采集过程中，存在着许多因素影响着视野，如各种遮挡物及以其自身的扫描角度限制，所以对终端进行点云数据采集时，一个测站是远远不够的，不能一次性将电缆终端所有构件全部扫描到，所获取的点云数据不够全面，只有对电缆终端进行各个角度方位的多次扫描才可以真实还原终端的实际情况。

通过扫描得到大量点云数据，未经处理前，数据杂乱无章。需进行点云配准，在不同视角点云中进行特征点检测，重叠区域的特征点使用特征描述、特征匹配获取同名点对，进而计算变换成点云拼接成整体，经配准的点云才能展现终端场的三维点云模型。测量过程中会受到很多因素的影响，通过扫描仪采集的原始点云中或多或少会有噪点点云，这些噪点点云对于电缆终端建模所需的点云是多余的，需要将其去除。噪点点云除了通过手动去除，还可通过自动化噪声去除。通过冗余消除将点云数据融合，即对多个重叠区域进行重新采样，将多个重叠的点云合并成一个点，确保点云数据的质量，同时减少数据的激光点数目。

2. 实施步骤

电缆终端微小缺陷发热往往 0.5~1℃ 且较为隐蔽，这就对航线规划精度提出了更高的要求，架空精细化航线对部件细节的呈现没有具体要求，架空线航线规划方法不再适用于电缆终端红外检测。

红外镜头与可见光镜头具有不同的焦距，无法利用可见光巡视的航点来作为红外检测的航点。将电缆终端三维激光点云导入，进行航点规划，步骤如下：①确定无人机机型；②确定航高，也就是无人机进入作业区域的高度，需根据作业区域铁塔高度来确定；③设置进入点，根据杆塔情况设置，一般在远离地线 2m 的位置进入；④确定分辨率，根据该机型红外镜头焦距计算出红外照片最佳分辨率位置的距离；⑤确定拍摄点和俯仰角，在进行航点规划时，需充分考虑电缆终端红外检测的成像要求，同时要多角度、全方位呈现，对于电缆终端本体一般先左侧、后中间、再右侧拍摄，对于尾管，为了避免槽钢遮挡，需从上、中、下分别俯视、平视和仰视；⑥设置辅助点，由于电缆终端附近设备较为密集，航点与航点之间飞行较为危险，需先到辅助点再前往下一个航点；⑦设置返航点，考虑周边环境状况，充分考虑树木、构架等的影响。规划完成后，需要进行风险点校核。

每一条航线的规划需要到现场进行校验，验证航线的安全性，并检验图片拍摄位置是否合理。如果现场拍摄的红外照片存在不清晰、有异物遮挡等情况，需要重新规划，然后再现场验证，直到验证成功后方可上线机库执行。航线规划和无人机巡检系统页面分别如图 3-11、图 3-12 所示。

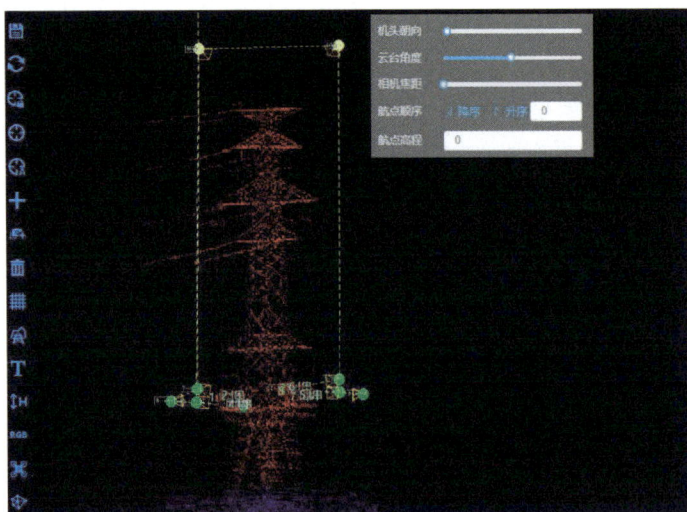

图 3-11　航线规划

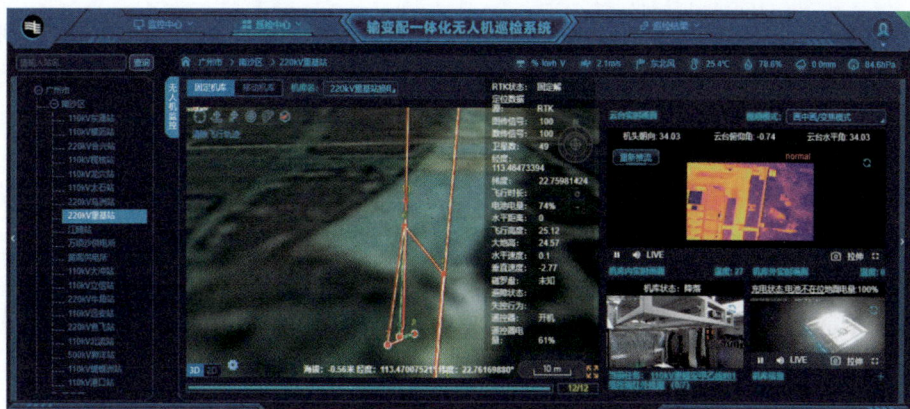

图 3-12　无人机巡检系统页面

3. 标准化应用

可在输电领域开展标准化红外测温检测，"一键起飞"不再需要人员现场操作测温操作，使得巡视频次加密，精巡间隔可由传统的 1 年提高至 1 月，及时发现绝缘子自爆等本体缺陷，为缺陷处理赢得宝贵时间。

3.6.3　应用效果

1. 数据支持

通过"机巡"代替"人巡"，精巡间隔由传统的 1 年提高至 1 月，每个区域运维中心每年解放 15 名巡检人员投入技术创新工作，全员劳动生产率提升 30%；巡视周期的缩短使得故障及时发现率提升 50%。

2. 实例分析

基于智能无人机库的电缆终端夜间红外检测技术已广泛应用于输电一所南沙数字输电运维中心红外终端检测工作中，在南沙区 19 个无人机库中，机库所覆盖区域的电缆终端均可通过机库来开展夜间红外测温，发现异常，可重复多次拍摄，只需要远程一键操作，工作效率得到大幅提升，应用效果显著，受到一致好评。

通过机库无人机开展电缆终端夜间红外检测，无人机在夜间飞越镜头与输电设备之间的"障碍"，以"近距离、多角度、全方位"的方式开展更为精细的测温，消除了光照、反射等环境影响，对于准确掌握电缆终端的运行状态具有重要意义。无人机库的夜间红外巡检在不影响日间可见光巡检任务的同时，填补了机库夜间使用空当，免去人工现场作业，避免人员来回奔波，进一步提高了机库的使用效率，也实现了提质增效。红外测温图片如图 3-13 所示。

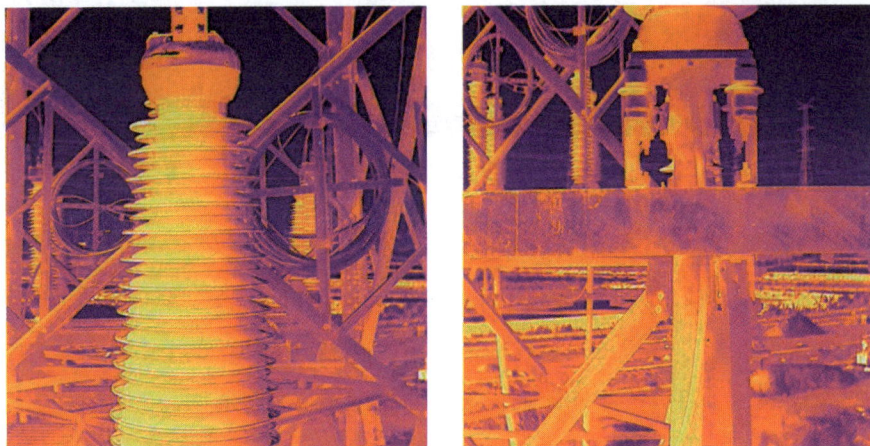

图 3-13 红外测温图片

以南沙区无人机库覆盖的 19 个终端场为例，若每个终端场安装 4 个红外摄像头，成本每个终端场 10 万元，19 个终端场安装红外摄像头共需要190 万元。机库无人机红外测温的覆盖，可减少终端场红外测温摄像头的投资，累计可节约 190 万元。

3.6.4 亮点与创新

落实"空地一体"融合运维模式的载体，使人工常温红外测温成为历史。

3.6.5 问题与改进

1. 遇到的问题

根据红外镜头参数，确定拍摄距离较为困难，难以准确判断最适合拍摄的距离；终端、避雷器等构件的位置难以找准；无人机移动时需要自动避开树木等障碍物。

2. 改进措施

三维激光点云数据采集时做到细致转弯，在旋转区域采集出丰富且分布均匀的三维结构；走闭环路线，防止累计误差漂移，导致最后数据变形，闭环位置务必与之前走过的路线有一定的重复线路；保持背包平稳、不要产生大的晃动。

3.6.6 推广价值

1. 全面推广

无人机库在全面推广后，机库红外测温可服务于输变配三专业，输电专业可开展电缆终端测温，变电专业可开展变压器测温，配电专业可开展变压器测温等业务，全面替代人工测温，业务需求量较大，推广前景较好。

2. 部分推广

在无法实现机库全覆盖的情况下，可部分推广至机库覆盖区域，输、变、配三专业均有一定的红外测温业务需求，推广前景较好。

特定情况下局部推广。变电设备间隔较近，无人机红外测温可能影响设备运行安全，配电线路较为复杂，无人机穿梭拍摄安全性不足。输电终端红外较为成熟，变电、配电应用受限时，可用于输电终端红外测温，需求量大，推广前景好。

3. 经济效益

以南沙区无人机库覆盖的 19 个终端场为例，若每个终端场安装 4 个红外摄像头，成本每个终端场 10 万元，19 个终端场安装红外摄像头共需要 190 万元。机库无人机红外测温的覆盖，可减少终端场红外测温摄像头的投资，累计可节约 190 万元。

4. 社会效益

基于智能无人机库的电缆终端夜间红外检测技术能够及时准确发现电缆终端的细微缺陷，降低了终端故障发生的概率，从而保证了城市电网的安全稳定运行，带来巨大经济社会效益。

3.7 应用案例 7 电力电缆路径的智能标识设备及告警系统

应用单位：广东电网有限责任公司广州供电局输电管理一所。

3.7.1 背景目的

随着城市更新进程加快，市政设施的频繁施工与目前电力系统对地下管线的防护手段单一之间的矛盾日益突出，主要体现为以下几点：①目前主要的防外破手段靠人工巡视及地面标识牌，手段单一，效率有待提高；②基于普通标识牌、桩线的路线标识不清晰、不统一，无法实现 24h 警示，常规电缆路径标识牌如图 3-14 所示；③缺乏智能识别外破能力，难以实现从被动防外破到主动防外破的；④无法与其他设备智能联动，提高地下电缆进行防外破预警精度，提升精益化管理水平。

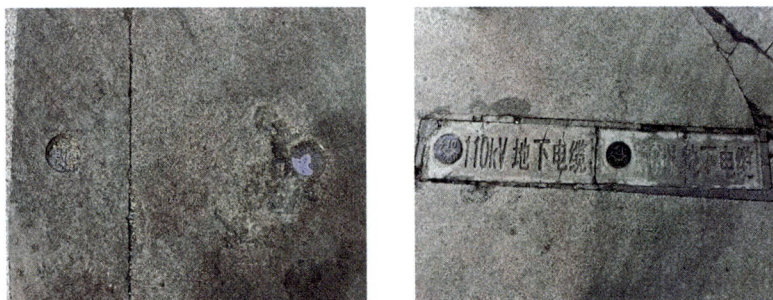

图 3-14 常规电缆路径标识牌

针对日常巡检迫切需求，开展智能路径警示桩（牌）优化研究，研制稳定可靠、状态实时感知及精准告警的警示设备，解决输电运维中防外力破坏难题，保障电缆线路安全可靠运行。

3.7.2 技术方案

1. 技术原理

为此，广东电网有限责任公司广州供电局输电管理一所研发并建立了电

力电缆路径的智能标识设备及告警系统。电缆路径的智能标识设备包括智能
警示地钉和智能警示桩（如图 3-15 和图 3-16 所示）。

图 3-15　智能警示地钉

图 3-16　智能警示桩

　　其中智能警示地钉主要运用于道路区域，智能警示桩主要运用于绿化带
等非车行区域。智能警示地钉和智能警示桩的安装不影响现场环境，在恶劣
天气下均可稳定运行，可以更全面监控地下电缆安全情况，及时发现外部施
工隐患。同时智能设备具备自学习算法，根据不断学习不同机械或外部干扰
的数据信息，提高报警准确率，告警信息可通过系统和短信实时推送给运维
人员，减少运维压力。

　　电缆路径的智能标识设备由传感器系统、处理器系统、声光装置系统、
通信装置系统、能源供给系统五部分组成。

　　（1）传感器系统：智能警示地钉通过配置振动传感器主要监测振动量，
多用于道路区域；智能警示桩配置倾角传感器主要监测位移量和倾斜量，多
用于绿化带等非车行区域。两种设备均同时配备了 RFID 标签，可检测其缺
失状态。

　　（2）处理器系统：内部设有 RAM 随机存储记忆体，可灵活地处理传感
器得到的监测数据，依据其内部嵌入的相关智能算法，完成报警信息的决策
输出。

（3）声光装置系统：内置发声器和 LED 屏幕系统，可通过现场实时的声光双重报警能够有效警示在输电线路保护区内施工的人员，实现主动预警功能。

（4）通信装置系统：通过 NB-loT 通信将通过后台系统或短信方式把告警信息发送至线路运维人员，有效保障了输电线路的安全。

（5）能源供给系统：在装置上方透明外壳内部设置了光伏板，内部设置充电电池，可完成地钉的实时充电，保证系统的电力充足。

2. 实施步骤

电缆路径的智能标识设备安装步骤如下：①拆除现有的警示标识铁牌；②进行智能警示地钉和智能警示桩的安装；③现场测试五个系统均能正常运转；④在广州供电局生产运营支持系统新建设备信息；⑤绑定智能标识设备所在的线路名称。

电缆路径的智能标识设备告警处置步骤如下：①运维人员收集接收告警信息，如图 3-17 所示；②立即联系现场人员进行实地监护，如图 3-18 所示，大幅提高了可能导致电缆外力破坏施工的管控效果。

图 3-17　短信告警　　　　　　图 3-18　现场实地监护

3. 标准化应用

（1）制定标准规范。广州供电局输电管理一所已制定了电力电缆路径智能标识设备及告警系统的安装规范和维护规程等，确保设备选型、安装、使用和维护的标准化和规范化。成果性能参数指标见表 3-1。

表 3-1 成果性能参数指标

参数名称	性能
遵循标准	GB/T 19813—2005
供电方式	太阳能供电 + 充电电池
通信方式	NB-IoT 通信
规格尺寸	ø120mm×52mm
电池参数	3.7V 2200mA
环境温湿度	−25 ~ 75℃，5% ~ 100%
工作时间	太阳光下 3 ~ 5h 可充满电，阴雨天可连续闪烁 240h
防尘防水	IP68
承受压力	16t
免维护期	≥ 5 年

（2）加强培训与管理。已对广州供电局、佛山供电局等成果应用单位的运维人员进行专业培训，提高其操作技能和应急处置能力。

（3）推动技术创新与应用。已收集各成果应用单位的反馈，努力不断优化出更加先进、智能的电力电缆路径标识设备和告警系统。

3.7.3　应用效果

1. 数据支持

（1）大幅提升了电缆外力破坏的巡视周期。原电缆线路主要依靠人力巡视，单条电缆巡视周期为 1~3 个月，电缆路径的智能标识设备和告警系统大幅缩短巡视周期，在电脑前即可做到"日巡羊城"。

（2）有效减少了电缆外力破坏次数。自 2023 年 9 月建成投入使用以来，仅以广州市为例，有效防止外力破坏事件 31 起，年可能导致电缆外力破坏事件发现率提高 93%，年电缆外力破坏导致跳闸次数同比减少 81%。

（3）有效解放了人力。数字化智能装备的投入使用，解放了班组近 30% 的人员，使其投入技术含量更高的技术创新与研发工作中，提高班组劳动生产率 35%。

2. 实例分析

广州市南沙区、番禺区、黄埔区、越秀区、白云区、荔湾区等区域已依据相关标准进行了电缆路径的智能标识设备的安装，累计安装数量已超过800 余台，安装示意如图 3-19 所示，安装后的实景图如图 3-20 所示。

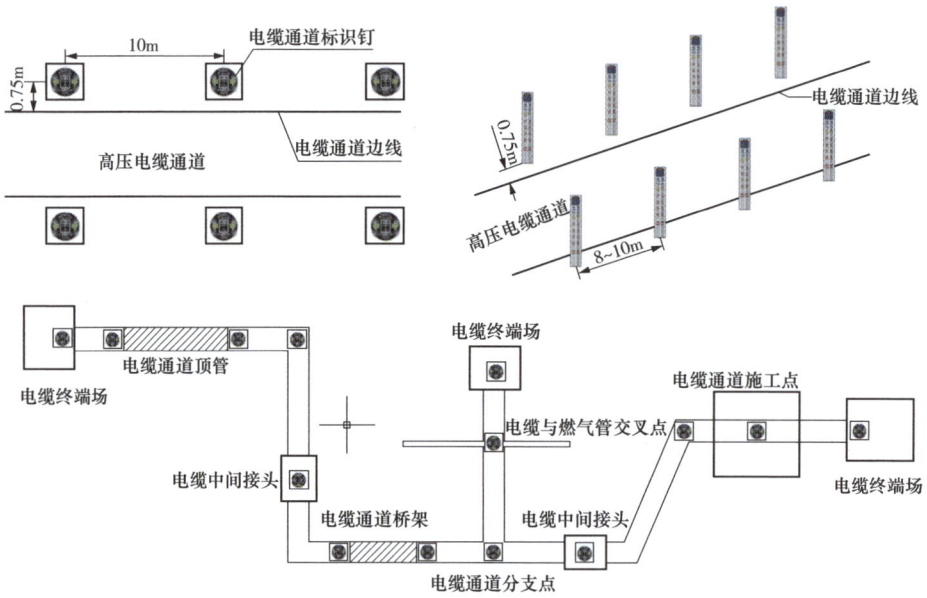

图 3-19　安装示意图

图 3-20　实景图

基于广州供电局生产运营支持系统，对电缆通道中的电缆终端场、电缆中间接头井、电缆桥架、电缆通道分支点、电缆通道转弯处、电缆与燃气管等交叉处、电缆隧道出入口及电缆通道施工作业点等特殊位置进行定位和状态监测。

应用结果表明，输电线路路径的智能标识设备整体应用效果良好，结构设计合理，符合现场电缆线路防护需求，已有效发现多次临近施工作业，实现对城市输电系统地下管线的防护与警示，在有效减少巡检人力物力投入的同时提高巡检效率，实现全天候无人化智能防外破，保障了电缆线路安全运行，电力安全稳定供应，为社会提供坚实的能源支撑，具有较好社会效益。

3.7.4　亮点与创新

1. 持续供电

本成果通过太阳能自供自蓄技术，内置环保节能综合能源分管系统，将光能转化为电能储存到蓄电池中。

2. 主动声光报警

现场明显声光告警，有效实时制止临近危险施工作业，主动开展防御，此外在夜间或者光线不足时，闪灯模块被自动激活，同时其具备时钟同步闪灯功能，能够清晰地展示出电缆管道线路走向，实现防止施工作业误挖电缆管道导致电缆故障事件发生。

3. 精准预警

本成果采用了超低功耗嵌入式开发技术，通过NB-IoT无线通信模块实现远距离无线传输的功能，可将数据直接传输到后台；通过智能传感装置，可实现对倾斜、震动、地磁等特征进行监测并将数据传输至后台使用大数据智能分析，识别出附近的吊车、挖掘机、推土机、铲车、水泥搅拌车、水泥泵车、打桩机、翻斗车等隐患设备，自启动发送告警信息至客户端，提前预防电缆线路外破事故的发生，同时避免非破坏性行为带来的误报警。

4. 可控预警

监控范围可调，根据不同隐患场景可设置2m-4m-6m-8m-10m监控距离，避免可控施工误触发告警，减少重复性无效报警。

5. 信息可视化

本成果基于资产管理的需求下，内置物联信息存储管理器，可配套智能 Pad 设备实现地下电缆信息可视化，电压等级、线路名称、排管类型、排管埋深、孔洞数量，实现地下电缆信息数字化、透明化。

3.7.5　问题与改进

1. 遇到的问题

研发初期，智能标识地钉结构为外壳为一体化结构，底下直接灌胶密封，在整体结构上不能做到材质的一致性，导致容易因整体受力变形而导致不同材质的贴合处产生缝隙，造成结构的损坏或进水。

2. 改进措施

经过调研和多次的试验，智能地钉结构确定为通过材质相同的上壳下盖进行螺栓连接及超声焊接的方式，同时上壳外壁设有加强筋，当上壳下盖连接贴合后加强筋刚好与下盖外壁贴合，此时可当产品为一整体当产品上方受到压力时，由于产品为地埋式且外形为圆柱形同时由于整个产品材质一致受力均匀可有效把上方的压力均匀地传递到底部从而形成良好的抗压能力，使之可有效解决因长期暴晒或积水及重载车辆的碾压下极容易出现老化或损坏等问题。长期防浸水试验如图 3-21 所示。

图 3-21　长期防浸水试验

改进后的装置具备了良好的防尘防水性能和抗压性能，经专业检测机构验证，其防尘防水等级达到了 IP68，可承受压力极限为 16t。

3.7.6　推广价值

经验证，该智能设备能够有效实时监测电缆路段的地面开挖状况，对电缆路面的非法施工亮灯闪烁同时进行定位报警，通过后台系统或短信方式发送给设备主人，实现防外破的预警作用。

本成果已通过南网商城科创产品专区、赫兹工业品商城等进行产品上架销售。网五省区、深圳供电局，广西电网 14 个供电局，云南电网 17 个地市局，贵州电网 10 个地市局，海南电网 19 个供电局，以成果市场占有率 30% 推算，南方电网新型智能警示地钉、智能警示桩市场容量约 200 万台、25 万台，具备广阔的市场推广前景。

3.8　应用案例 8　基于无人机仿线飞行的输电线路导地线智能巡检技术应用与实践

应用单位：国网新疆电力有限公司航巡中心。

3.8.1　背景目的

输电线路是传输电能的重要设施，在输电线路设备中，导线承担着输送电能的重要作用，地线对减少雷击起着关键作用，导地线发生故障直接影响电网的安全稳定运行。输电线路长期暴露在自然环境中，不仅承受正常机械载荷和电力负荷的内部压力，还要经受污秽、雷击、强风、滑坡、沉陷等外界侵害，容易产生导地线断股、松股、异物缠绕等缺陷。然而，新疆地理环境复杂气候多样，大体以天山为界，南疆线路多位于戈壁荒漠，北疆线路多位于丘陵山地，横跨天山线路则处于高海拔达坂、无人区。较多输电线路都在山区或丘陵的顶部架设，根本没有巡视专用道路，巡视人员必须边走边找路，人身安全难以保障；工作条件艰苦，无形之中增加了劳动强度，而且劳动效率低；遇到电网紧急故障和异常气候条件下，线路运维人员不具备有利的交通优势，且人员配置的增长无法与设备规模迭代升级相匹配，依靠人力为主的传统电网运维模式难以满足电网快速发展的需求。

输电线路导地线巡检是有效保证输电线路及其设备安全的基础工作，有利于及时发现设备缺陷及隐患，保证输电线路安全和电力系统稳定。无人机巡检作为一种新的巡检方式，比人工巡线效率高出 40 倍，可有效降低劳动强度，大幅提高巡检效率，但仍存在无人机巡检尚未完全覆盖档中导地线场景、无人机巡检智能化程度低、导地线缺陷查找工作量大等难题。

本案例提出一种基于无人机仿线飞行的输电线路导地线智能巡检技术并进行应用，实现无人机自动跟随导地线飞行与档中导地线巡检，进行导地线断股、松股、异物缠绕、锈蚀等缺陷的精准识别，且支持同步进行点云数据采集及通道快速巡检，可加快推进无人机在导地线巡检中的应用，提升导地线巡检效率和智能运维水平。

3.8.2　技术方案

本案例致力于解决输电线路导地线巡检中遇到的无人机巡检尚未完全覆盖档中导地线场景、无人机巡检智能化程度低、导地线缺陷查找工作量大等业务痛点，提出一种基于无人机仿线飞行的输电线路导地线智能巡检技术，重点攻关了小型智能输电无人机、多传感器组合导航定位、无人机自主飞行巡检与档中避障、导地线缺陷智能识别等关键技术，深度整合了激光雷达、影像系统、惯导系统和无人机平台，研制出一套针对导地线智能化巡检的多传感器载荷和无人机系统，可应用于架空输电线路导地线智能巡检，可实现无人机自主仿线飞行巡视、导地线缺陷排查、线路通道协同巡检、多源数据同步采集等功能，提升导地线巡检的智能化水平。具体技术方案如下：

（1）针对架空输电线路导地线巡检，研究了基于多源数据融合的自主飞行与智能避障技术，基于多源传感器数据实现导线目标的智能识别和提取，并实时测量无人机与导线的距离，使无人机沿导线保持相对距离飞行，结合PID 控制算法进行无人机档中自主避障，实现无人机智能驾驶与档中全自巡检；并开发高度集成的一体化巡检吊舱，支撑复杂条件下输电线路导地线智能巡检。

（2）针对导地线缺陷查找，研究了基于深度学习的导地线缺陷识别检测技术，基于人工智能算法对图像进行导线目标语义分割，并结合基于深度学习的目标缺陷检测算法，实现导地线断股、松股、异物缠绕、锈蚀等缺陷的智能识别，提升了输电线路导地线缺陷隐患排查的及时率和准确率。

（3）针对导地线与通道协同巡检，研究了基于多源传感器同步采集的协同巡检技术，高度集成激光雷达、惯导、可见光及边缘计算单元，使无人机开展导地线巡检的同时，同步采集通道点云数据，实现输电线路导地线与通道协同巡检，单架次作业即可完成通道安全隐患、导地线缺陷等多巡检任务，大幅提升巡检作业效率。

3.8.3　应用效果

本案例成果可不依赖于事先规划航线、自主跟踪电力线以不低于5m/s的速度巡检，单架次即可完成线路通道、线路本体隐患排查任务，相对于人工操作和航线规划的方式，巡检效率提升80%以上。

传统的输电线路导地线缺陷排查主要依赖人工对采集的图像进行判别，工作量大、效率低；部分单位采用了缺陷识别算法，但识别精度不高，漏报、误报率较高；本案例成果可基于AI识别算法进行导地线缺陷查找，可实现电力线断股、散股、异物等典型缺陷的快速智能检测，大幅提升输电线路导地线缺陷排查的效率和智能化程度，且综合缺陷检测准确率不低于70%。

本案例技术已在国网新疆电力多条110kV、220kV、500kV及以上输电线路开展无人机自主仿线飞行巡检、导地线缺陷排查、通道巡检的试点应用。在实际应用中，可正常识别到指定线路并准确跟随电力线进行飞行巡检；且能够基于缺陷检测算法实现导线断股、散股、树障等典型缺陷的检测识别。在试应用期间，累计发现导线断股散股、异物、树障百余处，巡检效率提升50%以上，有效提升巡检效率和智能运维水平。

3.8.4　亮点与创新

（1）提出了基于 INS-GNSS 的多源数据深耦合导航定位技术，基于惯导 / 激光雷达 / 卫星 / 相机等多传感器协同控制的一体化定位算法，实现不依赖网络 RTK 信号的无人机高精度定位与自主飞行，解决了新疆复杂环境下因网络信号弱导致无人机定位不准的难题。

（2）研究了无人机跟随导线飞行的原理，提出了一种基于激光雷达、双光相机等多传感器的导线实时跟随方法，结合 PID 控制算法使无人机与导线保持相对距离飞行，从而实现无人机跟随导线飞行与档中自主避障。

（3）提出了一种基于多模态数据融合的导线缺陷识别技术，基于深度学习的目标物缺陷检测模型，进行导地线典型缺陷的智能检测分析。

（4）研究了多传感器一体化集成技术，从硬件底层出发，统一多传感器通信链路和数据采集框架，时间指令系统为传感器提供统一的时间基准并完成时间测量，实现激光点云、可见光等多源数据同步采集。

3.8.5　问题与改进

1. 遇到的问题

针对输电线路复杂交跨场景，如何及时识别障碍物并实现无人机自主避障是案例实施过程中遇到的难点。

2. 改进思路

基于激光点云与视觉图像融合的目标检测技术，识别输电线路交跨障碍物，再进一步计算无人机与交跨障碍物的相对位置关系；结合 PID 控制算法生成控制量，使巡检无人机与障碍物保持安全距离，在巡检过程中无人机全自主避障，实现无人机档中全自动巡检。

3.8.6　推广价值

1. 应用前景

本案例形成了全新的导地线机巡作业模式，可进行无人机自主仿线飞行并完成通道多源数据采集及导地线缺陷识别，同时可实现不依赖网络 RTK 信号的飞行巡检，外业作业效率提升 80％以上，内业数据处理效率提升 50％以上，且提升了巡检作业安全性，可广泛应用于新疆电网各省市级电网公司运维单位，减少导地线巡检的人力投入，快速、安全地进行导地线智能巡检，提高巡检作业质量和科技水平。

2. 社会经济效益

新疆输电网多架设于戈壁、沙漠之中，线路覆盖范围广、廊道长度大，同时，山区等复杂地形环境下的输电线路，人工巡检难度大、强度高、耗时长。本案例基于多旋翼无人机搭载多传感器吊舱，及配套智能导航定位、智能控制、智能识别算法，开展架空线路导地线无人机智能巡检，能有效弥补无人机巡检尚未覆盖导地线场景、无人机巡检智能化程度低、导地线缺陷查找工作量大等不足，切实提升无人机在输电线路智能运维中的应用效果，保障电网安全和稳定运行，具有较好的经济和社会效益。

3.9 应用案例 9 基于机巢的架空输电线路无人机自动巡检

应用单位：广东电网有限责任公司广州供电局。

3.9.1 背景目的

随着无人机技术的不断进步，电力行业正逐步实现从"人巡为主，机巡为辅"向"机巡视为主，人巡补充"的转变。利用人工智能算法对机巡图像进行自动分析，识别电力设备缺陷隐患；基于 RTK 定位技术和航线规划技术，实现了无人机的自主飞行；通过移动式或固定式机巢提升无人机续航能力，实现持续巡检。基于机巢的无人机远方自主巡检运维模式，不仅提高了巡检的效率和安全性，还推动了电力行业向智能化、自动化的方向发展。

3.9.2 技术方案

1.技术原理

（1）基于 RTK 的无人机定位技术。基于 RTK 的无人机定位技术是一种高精度的定位手段，它通过数据链将基准站的观测数据实时发送给流动站（无人机），再结合自身观测数据进行差分计算，从而得到高精度的位置信息。这项技术能够在野外实时提供测站点在指定坐标系中的三维坐标，并达到厘米级精度。

（2）无人机航线规划技术。无人机航线规划技术是确保无人机高效、安全执行任务的关键环节。它涉及多个步骤和考虑因素，包括环境感知、航线生成、避障、协同作业以及用户交互等。

（3）无人机机巢技术。无人机机巢技术是一种创新的自动化航空基础设施，如图 3-22 所示，专为无人机设计，提供集中的起降、充电、维护和存储空间。它是一种集成化、智能化的系统，利用高科技手段实现无人机的自主管理和操作。机巢内部通常配备自动充电站、数据传输设备、环境控制系统等，确保无人机能在最佳状态下执行任务。

图 3-22　无人机机巢

（4）输电线路缺陷识别算法。依托 Faster R–CNN、YOLO、SSD 等深度学习目标检测算法，通过训练卷积神经网络（CNN）模型来实现对线路及其组件如绝缘子、杆塔、导线等检测和缺陷识别。人工智能算法识别玻璃绝缘子自爆缺陷如图 3-23 所示。

图 3-23　人工智能算法识别玻璃绝缘子自爆缺陷

2. 实施步骤

（1）输电线路点云采集。输电线路点云采集技术是通过使用搭载激光雷达设备的无人机沿预定航线飞行，获取输电线路及其周边环境的高精度三维数据。再利用软件对点云数据进行分类识别和标记，区分出输电线路、杆塔、植被和其他地物，根据分类后的点云数据，构建输电线路和杆塔的三维模型。

（2）机巡航线规划。利用智能航线规划软件，根据三维点云模型和巡检内容，标记杆塔、导线、绝缘子等关键部位的航拍点，并自动生成无人机的飞行航线。在航线生成后，需要进行模拟飞行校验以优化飞行效率和巡检质量。具体的校验内容包括滤除航线噪点、必要飞行点位筛选及安全距离校核，必要时修正航线以避开障碍物。

（3）无人机自动驾驶。在执行机巢巡检任务时，将优化后的航线数据上传至机巢系统。在飞行过程中，无人机将根据预设航线进行自主飞行并利用北斗 RTK 等高精度定位系统确保飞行过程中无人机定位准确，并在指定点位进行拍摄。运行人员可通过机巢系统实时监控无人机的状态和巡检进度，确保飞行任务的安全顺利进行。机巢系统作业页面如图 3-24 所示。

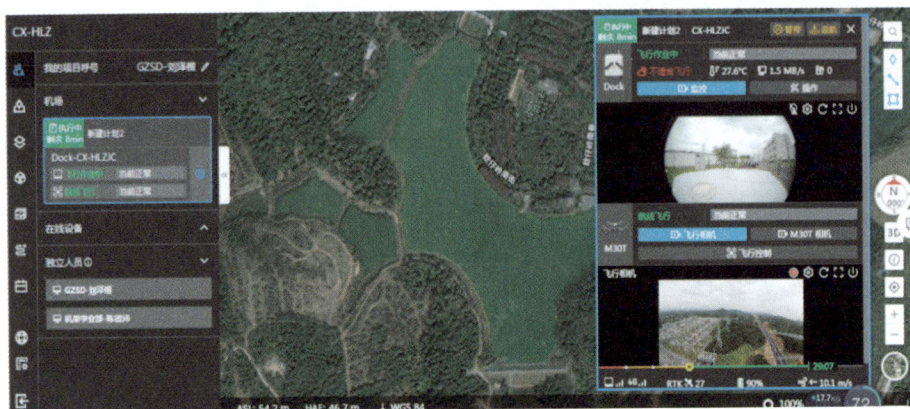

图 3-24　机巢系统作业页面

（4）机巡图像智能识别。飞行结束后，机巢系统对采集到的图像进行分类、命名，并上传至机巡系统进行缺陷识别和智能分析，输出巡检报告。

3. 标准化应用

（1）点云采集。存量输电线路已全部完成三维激光点云数字化建模，新建线路三维数字化建模与线路本体工程同步规划、同步实施、同步验收移交，一线运维中心和班组按标准配置点云采集设备，35 岁及以下青年骨干员工具备点云自主采集作业能力。

（2）航线规划。存量输电线路已全部完成机巡航线规划，新建线路机巡航线，与线路本体工程同步规划、同步实施、同步验收移交，35 岁及以下青年骨干员工具备机巡航线规划自主作业能力。无人机航线规划如图 3-25 所示。

（3）无人机自动驾驶。每年初结合运维策略制订年度机巡计划，一线运维中心和班组按照年度机巡计划常态化开展无人机精细化巡视和通道巡视。在防风防汛、迎峰度夏、保供电等重要保供任务期间，结合任务塔段开展无人机特巡。

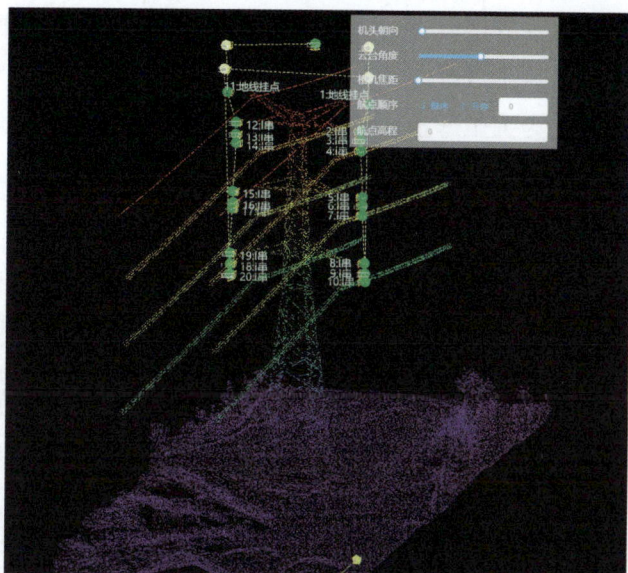

图 3-25　无人机航线规划

3.9.3　应用效果

1. 数据支持

广州供电局输电专业目前运维输电线路里程超 7000km（不含禁飞区），已全部完成三维激光点云数字化建模和航线规划。一线运维中心和班组已实现高精度定位双光多旋翼无人机标准化配置，输电专业 35 岁及以下青年员工民用无人驾驶航空器操纵员执照 100% 取证，100% 具备无人机航线规划、无人机自动驾驶作业技能。输电专业巡视作业机巡作业占比超 90%。

2. 实例分析

基于输电机巢无人机的防风防汛及防山体滑坡通道特巡。每年 3 月广州地区雨季到来，持续数月的降雨会对输电线路通道环境和杆塔基础的地质环境造成影响，广州局输电专业在每次防风防汛预警发出后和预警结束后，组织通过机巢和无人机对防风防汛重点线路区段开展无人机特巡，评估输电线路受灾情况。2024 年 6 月 14 日和 20 日，输电二所生产支持中心先后两次应用广州供电局输电专业在木棉站机巢无人机对 500kV 从木丙丁线 138~136 号塔段开展雨后防山体滑坡通道特巡，对比发现 500kV 从木丙丁线 137~136 号塔档附近线路档中及塔基础疑似存在山体滑坡情况，经视频监控核查，确定为人工开挖放坡杆及砍树导致的泥土裸露，随后预警至区域中心进行后续跟踪与处理。利用机巢开展无人机远程自动巡查塔基边坡如图 3-26 所示。

图 3-26　利用机巢开展无人机远程自动巡查塔基边坡

3.9.4　亮点与创新

应用固定式充电机巢开展无人机自动巡检，取代了传统人工到达现场放飞无人机的环节，进一步提高了无人机巡检效率及设备运维质量，在应急抗灾等特殊场景下保障了运维人员的安全性。

3.9.5　问题与改进

1. 遇到的问题

机巢设备布置在前端，设备管理维护管控水平减弱。

2. 改进措施

每月定期开展机巢设备和无人机的监测与维护，确保可用性。

3.9.6 推广价值

本案例可在电力行业具有良好推广应用，1 台机巢的建设成本约 10 万元，维护成本约 1 万元 / 年，平均每天可累计飞行作业 6 个架次约 180min，每天节省人工放飞和行车时间约（15×6+45×2）×2=360（人·min）即 0.75（人·日）（按一天工作 8h），单台机巢均每天巡检节省人力成本约 20 万元。

3.10 应用案例 10 特大城市电网变电运行支持系统（广州边侧）

应用单位：广东电网有限责任公司广州供电局。

3.10.1 背景目的

党的二十大报告明确指出，推动经济社会发展绿色化、低碳化是实现高质量发展的关键环节。广东电网有限责任公司广州供电局以新型电力系统建设为抓手，全面推动数字化、绿色化协同转型，构建遵循"云－管－边－端"的技术架构，大力推动变电运行支持系统（广州局边侧）建设，打造智能巡视、操作、安全等核心功能，通过运用"云大物移智"新一代数字运维技术，实现变电运行状态精准监控、运行数据统一管理、运行设备全景感知，促进电网向数字化和智能化转型升级，助力完成广州新型电力系统建设。

3.10.2 技术方案

1. 技术原理

变电运行支持系统（广州局边侧）通过遵循网公司统一的技术路线及标准，围绕技术、数据、安全架构等六个方面，实现规范化、标准化建设。通过开发 AI 算力调度服务、算法模型更新服务等功能模块，实现算法下发至网关，配置部署 31 类算法，实现对变电站设备精准监控和业务全景感知。

2.实施步骤

（1）技术架构。总体技术架构包含感知层、边缘层等核心技术以及安全管理技术。通过规范网关标准、外部系统接口标准，集成负载均衡、分布式集群、流媒体解析、AI算法等技术，采用灾备机制，通过资源弹性伸缩机制，构建高可用、高稳定、高并发的系统架构。总体技术架构如图 3-27 所示。

图 3-27　总体技术架构

（2）业务架构。业务架构包含资产管理、生产管理、资源管理、技术管理等业务，变电运行支持系统通过覆盖运行维护管理、作业风险管控、环境风险管理、作业资源管理、数字资源管理等变电核心业务，全程贯穿并规范数字生产业务。业务架构如图 3-28 所示。

资产管理

资产管理策略
- 总体策略
- 资产发展策略
- 技术发展策略
- 资产投资策略
- 资产退役策略
- 数字资产策略
- 资产运维策略
- 资产检修策略
- 碳资产策略

资产管理计划
- 中长期投资计划（项目储备库）
- 年度投资计划
- 设备退役计划

资产新增及退役管理
- 设备准入及品控管理
- 设备验收管理
- 设备退役与再利用管理

资产绩效评估管理
- 资产管理体系与绩效评价
- 电能质量无功电压管理
- 可靠性管理
- 经济运行管理
- 生产指标管理

生产管理

资产风险管理
- 设备监测预警
- 设备状态评估
- 设备风险评估
- 设备缺陷管理
- 设备隐患管理
- 设备运行分析
- 电网风险管控
- 网络安全管理

资产维护管理
- 运行计划管理
- 值班管理
- 工作票管理
- 操作票管理
- 巡视维护管理
- 防误操作管理

运行维护管理
- 检修计划管理
- 试验管理
- 检修管理
- 抢修管理
- 备品备件管理
- 不停电作业管理

生产项目管理
- 生产项目实施计划管理
- 生产项目实施过程管理
- 生产项目造价管理
- 生产项目验收管理
- 生产项目后评价
- 迁改项目管理
- 生产承包商管理

环境风险管理
- 运行环境可视化管理
- 作业环境管理
- 涉电公共安全管理
- 防灾减灾管理

作业风险管控
- 作业计划
- 作业标准管理
- 作业资质
- 作业监督

资源管理

作业资源管理
- 工器具管理（含智能工器具）
- 生产服务用车管理
- 应急装备管理
- 经济运行管理

生产队伍管理
- 班组建设
- 班组评价
- 生产人员培训
- 核心技能管理
- 核心业务管理
- 生产组织模式管理
- 生产管理评价

数字资源管理
- 生产数据管理
- 数字基础设施管理
- 算法及模型管理
- 知识库管理
- 应用平台管理
- 数字架构管理

变电运行支持系统（广州局边侧）一期覆盖业务

变电运行支持系统（广州局边侧）二期、三期覆盖业务

技术管理

运行维护管理
- 设备品类优化管理
- 设备及物联标准化管理
- 设备型号审查管理

新产品新技术准入管理
- 首台套重大技术装备评定
- 新技术新产品入网管理
- 绿色低碳管理

技术标准管理（含数字化标准）
- 技术标准制定管理
- 技术标准体系管理

设备运行分析（运行质量评价）
- 设备运行质量评价

技术监督管理
- 反措管理
- 技术标准体系管理

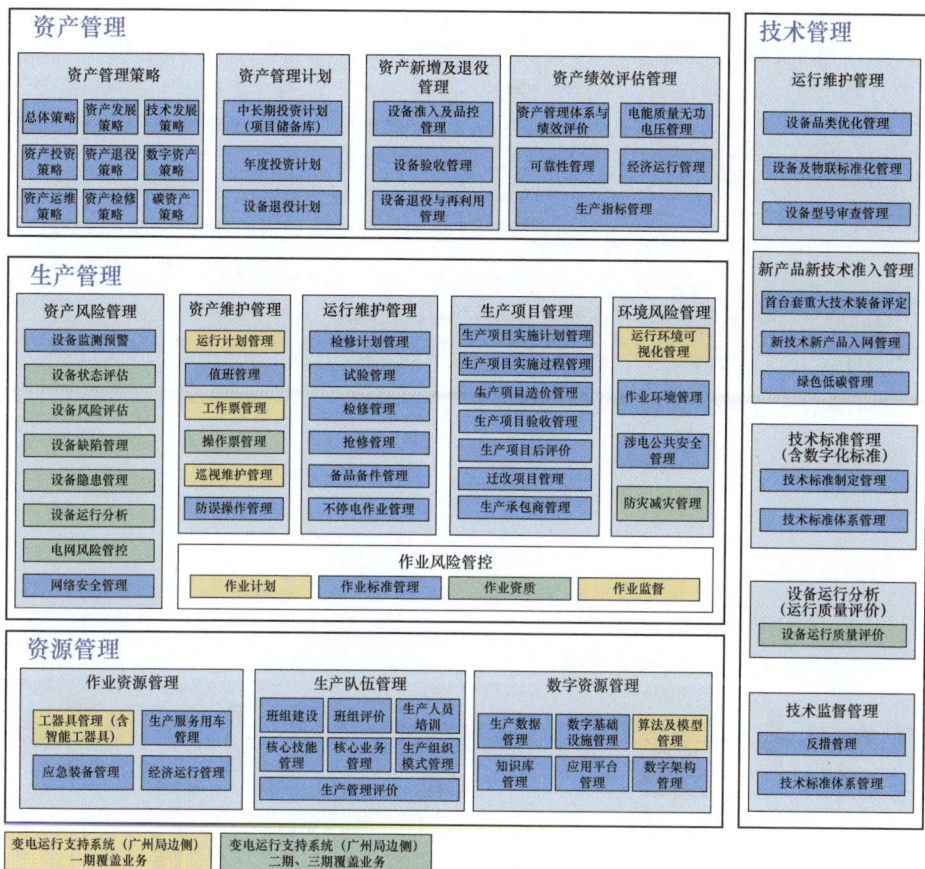

图 3-28 业务架构

（3）应用架构。应用架构通过构建智能驾驶舱、智能巡视、智能操作、智能安全、智能监视、智能分析等功能应用模块，满足变电运行、变电检修、生产指挥中心业务实际需要。应用架构如图 3-29 所示。

（4）数据架构。数据架构实现安全一区、二区、三区、四区等多个系统交互，通过主站间对接与站端对接两种方式进行数据对接，实现数据贯通、融合，支撑数字化业务顺畅流转。

（5）安全架构。安全架构包含安全分区、横向隔离、纵向加密、内外网隔离等安全防护要求。系统部署于三区，通过采用不同的安全装置，保证边侧系统间交互和端侧网关间交互两种跨区数据对接方式的安全。安全

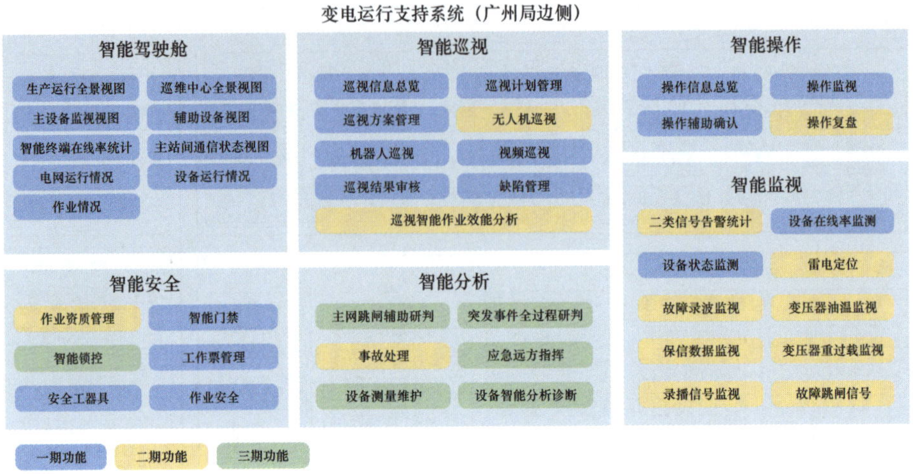

变电运行支持系统（广州局边侧）

图 3-29 应用架构

架构如图 3-30 所示。

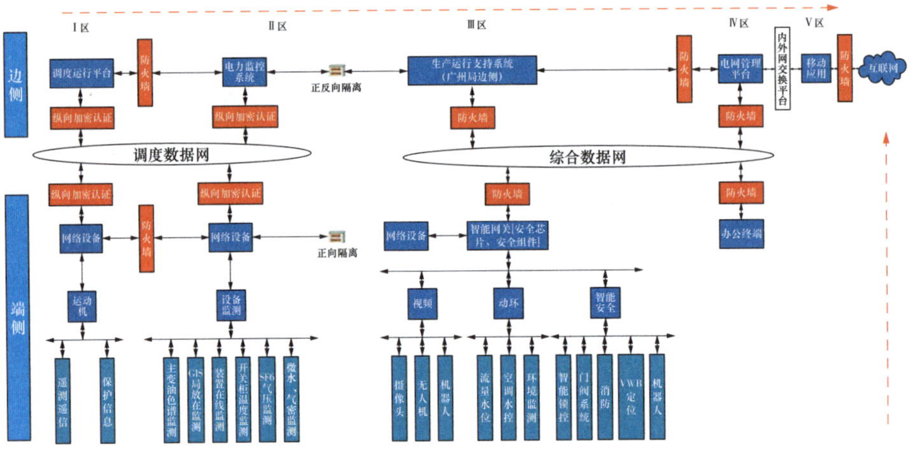

图 3-30 安全架构

（6）通信架构。通信架构利用综合数据网进行数据传输。经变电站Ⅲ区接入交换机→Ⅲ区防火墙→变电站通信综合数据网交换机→综合数据网→综合数据网核心交换机→IDC 机房核心交换机→IDC 机房防火墙→IDC 机房变电运行支持系统（广州局边侧），建立大带宽、低时延的通信链路。通信架构如图 3-31 所示。

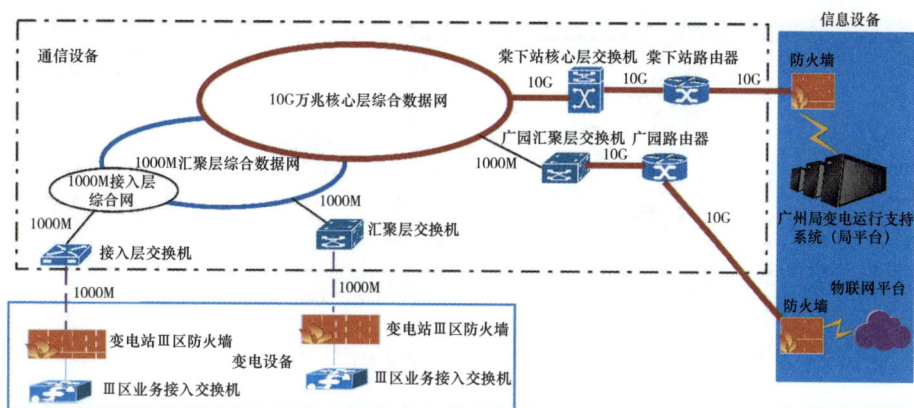

图 3-31　通信架构

3. 标准化应用

参照电网设备缺陷智能识别技术导则，本案例以站内视频终端为基础，重点围绕变电领域的可见光外观和红外发热等图像开展 AI 识别应用。①配置站内视频终端，满足可见光及红外图像要求，确保图像分辨率及像素不低于技术标准，支撑系统图像样本收集；②部署系统服务器约 200 台，主站算力约 8P，站端算力约 60P；③建立多类样本库，实现各类样本有序存放；④围绕智能巡视、操作、安全三大业务类型，开发 31 类算法模型，通过 AI 飞轮机制开展针对性调优；⑤常态化开展算法评价，满足操作类算法识别率不低于 95%、其他类算法不低于 90%，图像召回率不低于 90%。

3.10.3　应用效果

1. 数据支持

当前已完成广州局全域 420 座变电站智能运维改造标准化建设，涵盖摄像机等 7 大类、30 余小类感知终端，数字生产支撑变电业务占比达到 41%，可支撑 7 大类、38 小类变电业务场景替代。

智能巡视方面，通过多场景智能巡视、数据实时采集、设施灵活控制，日常巡视业务替代率提升至 90%，实现高空等人巡盲区全覆盖，巡视频率增加 300%。智能巡视流程如图 3-32 所示。系统巡视界面如图 3-33 所示。

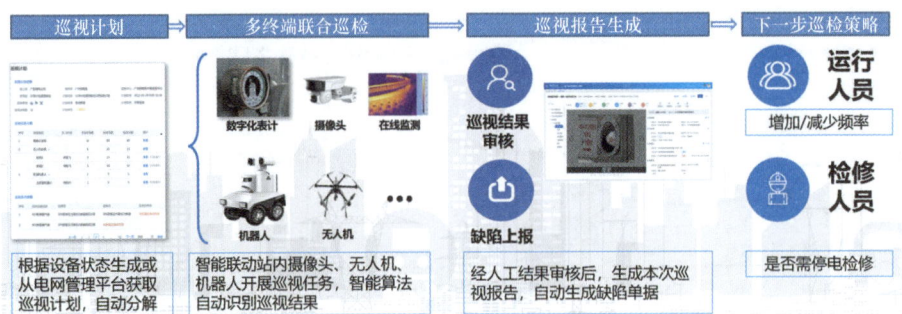

图 3-32 智能巡视流程

图 3-33 系统巡视界面

智能操作方面，通过站内摄像头 +AI 识别的方式，实现程序化操作双确认、设备状态诊断等功能。典型的变电智能操作场景中，操作人数节省 67%，操作时间节省 90%。智能操作界面如图 3-34 所示。

智能安全方面，通过站内摄像头、电子围栏、智能锁控管控方式，实现远方许可占全部工作票 70%，许可耗时节约 70%，现场违章识别准确率 85%，违章识别发现率提升 66%。智能安全流程如图 3-35 所示。智能安全界面如图 3-36 所示。

2. 实例分析

（1）智能巡视。以广州供电局 220kV 汉田站巡视为例，传统模式下完成

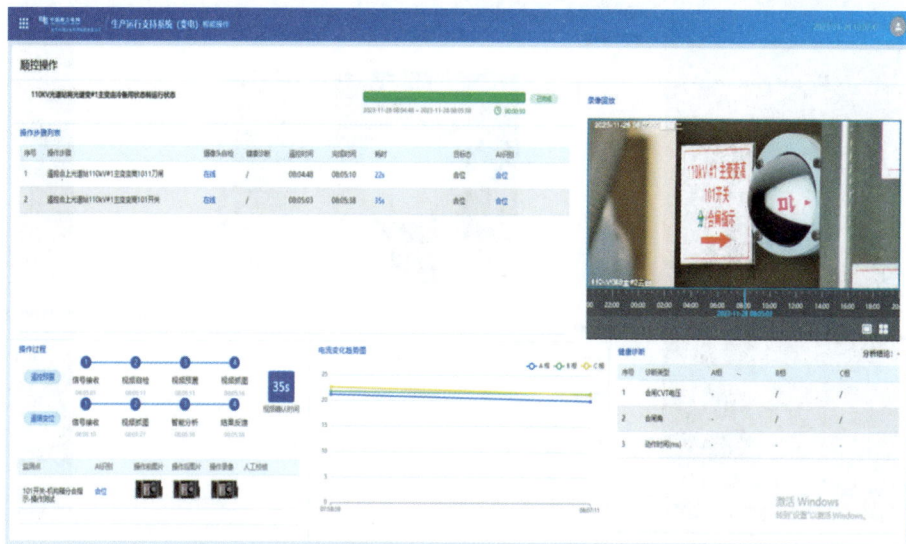

图 3-34　智能操作界面

图 3-35　智能安全流程

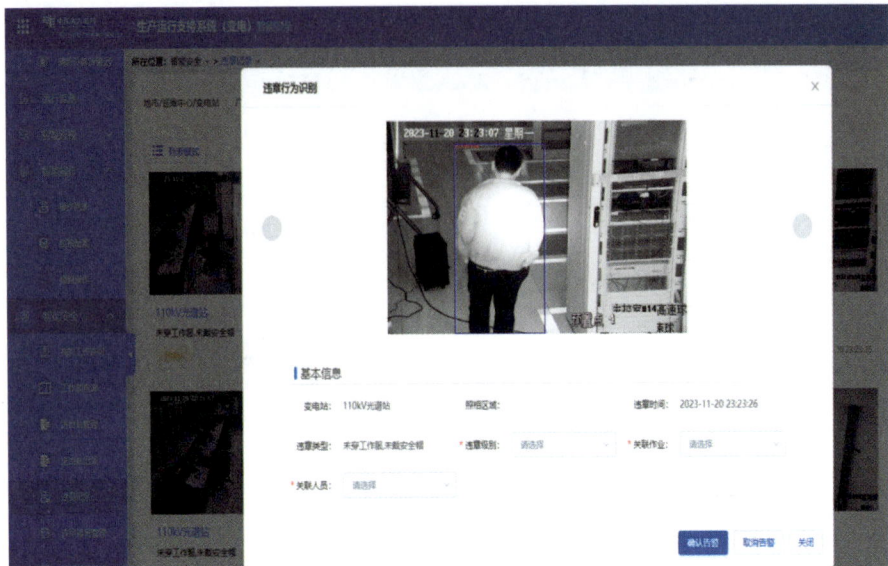

图 3-36　智能安全界面

日常巡视任务共计 130min。新模式下，系统自动触发巡视测温计划需 1min，实现站点无人机、视频自动巡视需 15min，系统进行图片 AI 识别及报告审核需 10min，共计 26min，单条巡视计划响应速度由小时级提升至分钟级，效率提升约 80%。智能巡视前后对比如图 3-37 所示。

（2）智能操作。以广州供电局 110kV 松城线停电为例，传统模式下完成停电操作共计 125min。新模式下，调度程序化操作需 1min，系统 AI 识别设备位置需 5min，结果自动上送需 1min，共计 7min，倒闸操作完成由小时级提升至分钟级，倒闸操作效率提升约 94.4%。智能操作前后对比如图 3-38 所示。

（3）智能安全。以广州供电局 500kV 科北站现场作业为例，传统模式下单张工作票全流程管控共计 240min。新模式下，系统远方许可需 10min，远方利用视频及 AI 算法进行作业管控需 60min，远方终结工作票需 10min，共计 80min，管控节约时间为 66.7%。智能安全前后对比如图 3-39 所示。

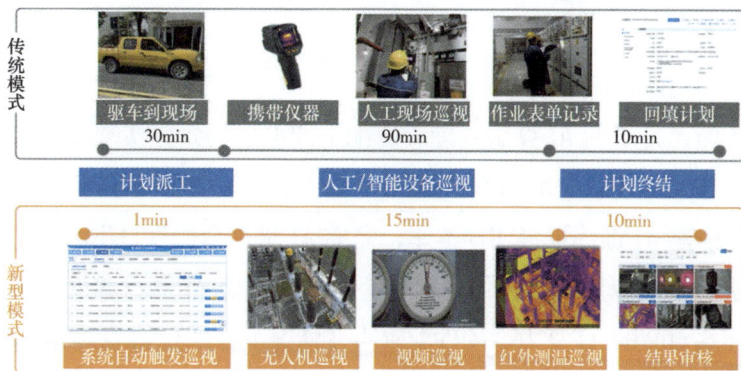

图 3-37 智能巡视前后对比

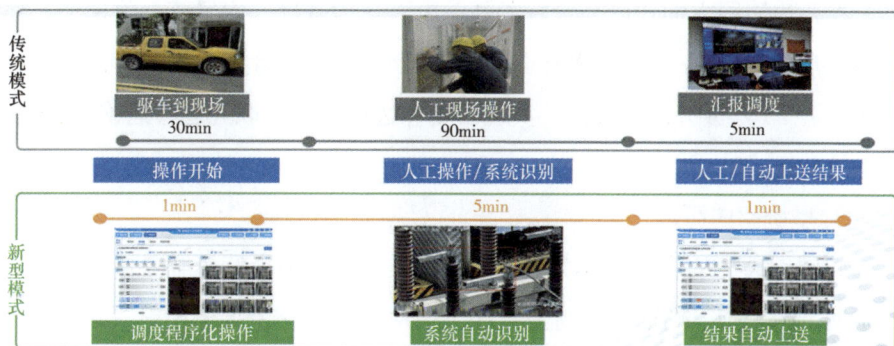

图 3-38 智能操作前后对比

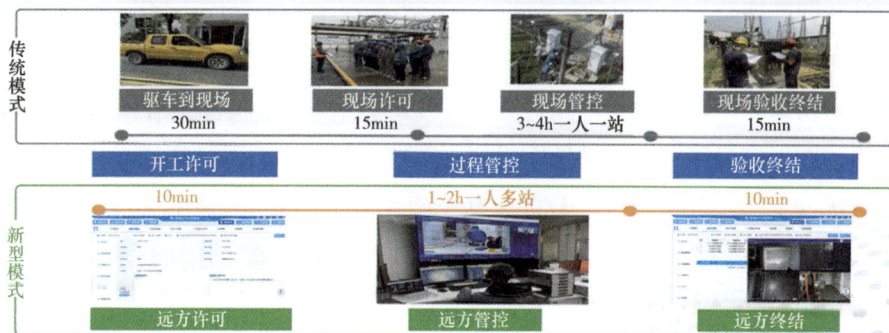

图 4-39 智能安全前后对比

3.10.4　亮点与创新

1. 系统高度智能

基于国产自研的 AI 算法，持续适配不同电力场景，实现刀闸状态识别核心算法在实际场景中准确率达到 95% 以上，核心算法准确率达到 90% 以上。自主搭建 AI 训练平台和样本库，完成 AI 管理全流程自主可控。推进电鸿物联系统落地应用，规模化接入电鸿网关，部署 AI 算力调度应用，灵活调度全局共 60P 的 AI 算力，硬件配置不变情况下，实现站端 AI 业务吞吐量翻倍。

2. 技术架构先进

在云边协同方面，以全量智能网关电鸿化为基础，内置统一物模型，面向不同厂家不同品类的物联终端提供广泛设备连接能力，拟纳管 7 大类终端将接近 10 万量级，通过网关实现云侧和边端设备互联互通，运维更便捷、算法易升级。

3. 系统自主可控

软硬件高度国产化，作为南网首个海光 X86+ARM 芯片服务器全栈部署的南网云分节点，所有环节自主可控上线应用。操作系统采用银河麒麟高级服务器操作系统，实现对飞腾、兆芯、海光、鲲鹏等平台良好兼容及优化支持，并在内生本质安全、虚拟化及云原生支持、性能、可靠性等方面进行了针对性的增强。

4. 实现灾备冗余

采用负载均衡、分布式集群、流媒体解析、人工智能等技术，建立应用双活、数据灾备和资源弹性伸缩机制，系统采用异地机房应用级异构灾备部署，进一步保障高可靠性。数据库基于达梦 DSC+ 读写分离的集群架构，当主库故障时自动进行主备切换，满足集群高吞吐量、高可用性要求，同时实现机房级数据容灾。

3.10.5　问题与改进

1. 遇到的问题

部分设备样本误报、漏报，污染样本库，且部分算法识别准确率较低，影响设备日常巡视及隐患发现。

2. 改进措施

完善样本闭环机制，在粗标环节，可对图像样本进行简单判别，形成漏报、误报等4大类图片样本分类，并推送到AI样本库。在细标环节，针对性地对漏报、误报类结果进行样本画框标注，优化该类样本。样本库界面如图3-40所示。

图3-40　样本库界面

针对识别率较低的算法，系统自动完成不同时间段的图像样本收集，常态化开展样本收集及算法模型训练。

后续系统将完善缺陷样本库收集机制，支持线下缺陷类样本上传，持续提升AI算法识别率。

3.10.6　推广价值

1. 标准化体系建设可供推广复制

在技术架构、数据融合、安全防护等6个方面实现标准化建设应用，输出一整套可供复制推广的体系标准。技术架构标准化，应用"算法赋能终端、应用远程升级"的云边协同机制，实现数据"终端采集、边侧智能、物联传输、云侧应用"目标。数据融合标准化，搭建统一数据底座，实现数据贯通、融合、汇聚，支撑数字化业务顺畅流转。安全防护标准化，统一全域物联网安全防护标准，构筑纵深安全防护体系。物模型标准化，明确115类物模型标准，规范全品类终端设备接入物联网平台的数据格式和信息内容。设备接入标准化，实现接口标准、通信协议统一，提升终端设备接入的便捷性和规范性。远程运维管理标准化，支持直接远程对终端批量升级，提升升级效率、实施安全。

2. 多系统数据融合实现设备全感知

以变电运行支持系统为中心，融合接入调度、电网管理平台等系统数据，打造统一数据底座，实现变电运行状态精准监控、运行数据统一管理、运行设备全景感知，推进电网数字化转型。

3. 以问题为导向解决变电运维痛点难点

依托"云边协同"的总体框架，系统可支持超大城市电网变电运维业务，满足变电智能运维各业务场景需要，实现标准、架构、管理"三统一"，降低接入和调试工作难度，提高运维效率和质量。

4. 以目标为导向助力新型系统建设

依托新型电力系统数字底座，推进"云大物移智链边"等新一代数字技术在电网中的深度应用，助力实现海量数据的高质量集约采集、安全高效传输、在线实时计算、全局数据共享交互和创新融合应用，推动数字化电网智能升级。

本案例同步带动海康、大疆、华为、商汤等厂商大体量、多维度、高精度的感知数据产生、上送、输入，也进一步推动通信链路、AI模型共同进步，为新质生产力的培育进程贡献更大的力量！

4

无人机及机器人协同的架空输电线路智能检修技术面临的挑战及未来趋势展望

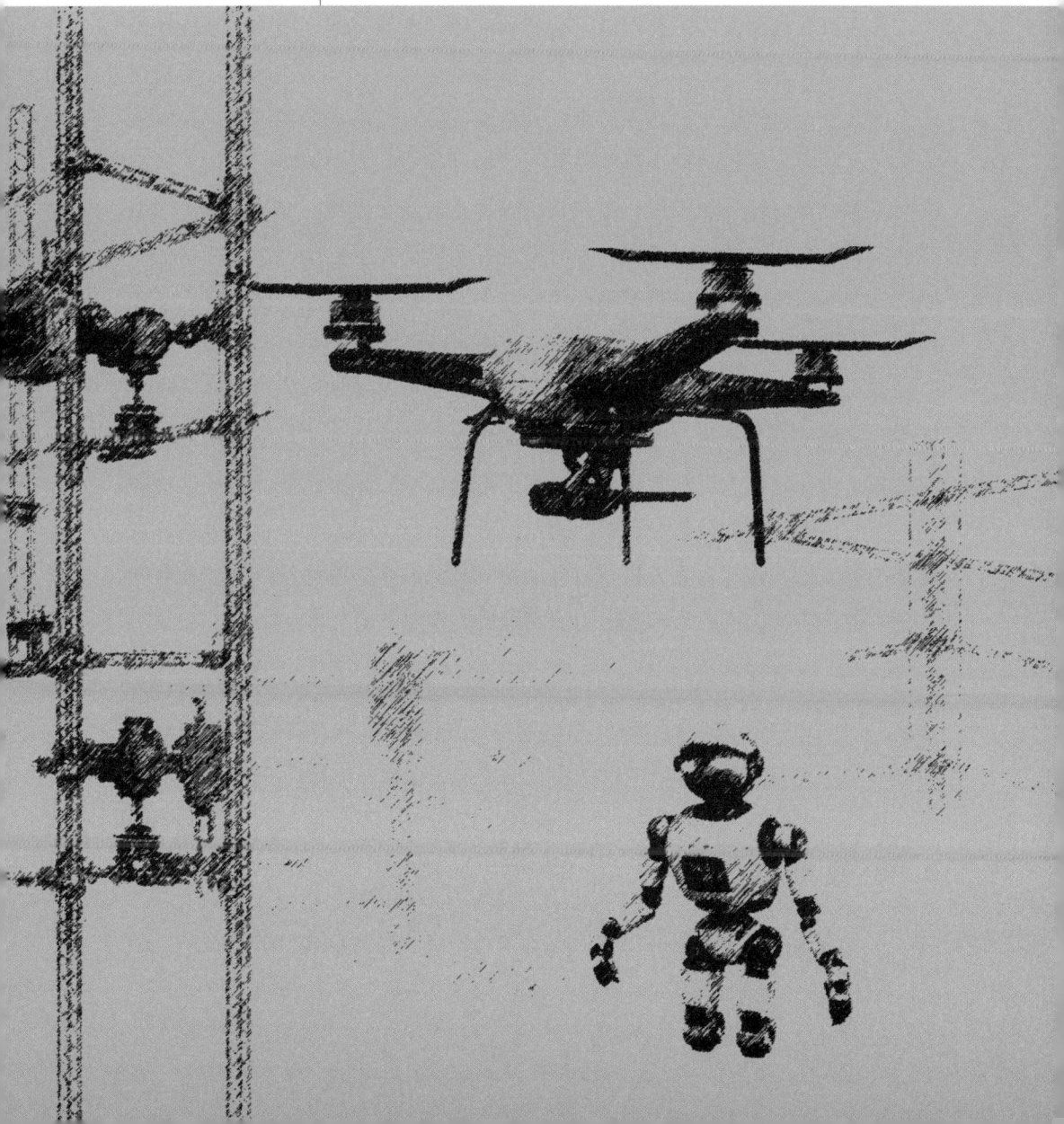

随着现代电力工业的快速发展，架空输电线路作为电网的重要组成部分，其安全稳定运行直接关系到电力供应的可靠性和稳定性。然而，输电线路往往跨越广袤的地域，面临着复杂多变的环境条件，如高山、峡谷、河流等自然障碍，以及恶劣天气的考验。传统的人工巡检方式不仅效率低下，而且存在极高的安全风险，难以满足现代电网对高效、安全、可靠运维的需求。在此背景下，无人机及机器人协同技术在架空输电线路智能检修中的应用应运而生，为电力巡检工作带来了革命性的变革。

无人机及机器人协同技术以其独特的优势，在架空输电线路的智能检修中发挥着越来越重要的作用。无人机凭借其灵活机动、飞行速度快、覆盖范围广的特点，能够迅速抵达人员难以到达或危险系数高的区域进行巡检，大大减轻了巡检人员的劳动强度，降低了巡检过程中的安全风险。同时，搭载高清摄像设备、红外热像仪、激光雷达等传感器的无人机，能够实现对输电线路及其周边环境的实时监测，及时发现并预警潜在的安全隐患。而机器人则能够在地面或线路上进行精细化的检修作业，如清理线路上的杂物、紧固螺栓、更换损坏部件等，进一步提高了检修的准确性和效率。

无人机及机器人协同技术的引入，不仅显著提升了架空输电线路的检修效率，降低了安全风险，还为电力行业的智能化转型提供了有力支撑。通过大数据、云计算、人工智能等先进技术的融合应用，该技术能够实现巡检数据的实时传输、智能分析和预警，为电力运维人员提供更加全面、准确、及时的决策支持。因此，无人机及机器人协同技术在架空输电线路智能检修中的应用前景广阔，将成为未来电力行业发展的重要方向之一。

4.1 无人机及机器人协同的架空输电线路智能检修技术面临的挑战

4.1.1 技术难题

在无人机及机器人协同技术应用于架空输电线路智能检修的过程中，尽管该技术展现出了巨大的潜力和优势，但仍面临着一系列技术难题，这些难题直接关系到该技术的实用性和可靠性。

　　一方面，无人机和机器人的飞行时长与续航能力是当前技术发展中亟待解决的关键问题。架空输电线路往往分布广泛，部分线路甚至位于偏远、地形复杂的地区，这对无人机和机器人的续航能力提出了极高的要求。然而，受限于当前电池技术的发展水平，无人机和机器人在执行巡检任务时，往往难以覆盖整个目标区域，需要频繁进行充电或更换电池，这不仅增加了运维成本，也影响了巡检的连续性和效率。因此，如何提高无人机和机器人的续航能力，成为制约其广泛应用的一大瓶颈。

　　另一方面，高分辨率摄像设备和传感器的搭载与校准也是技术实现中的一大难题。在架空输电线路智能检修中，高清摄像设备和各类传感器是获取巡检数据的重要手段。然而，这些设备在搭载到无人机和机器人上时，需要面临复杂的电磁环境和机械振动等干扰因素，这对其精度和稳定性提出了极高的要求。同时，由于无人机和机器人在飞行过程中姿态的不断变化，如何确保摄像设备和传感器能够始终保持正确的校准状态，也是技术实现中的一大挑战。因此，如何在保证设备精度的同时，实现其在无人机和机器人上的稳定搭载与校准，成为提高巡检数据质量的关键技术之一。无人机和机器人在雪天的作业如图 4-1 所示。

图 4-1　无人机和机器人在雪天的作业

4.1.2 数据处理与分析

在无人机及机器人协同的架空输电线路智能检修技术中，数据处理与分析是连接前端巡检与后端检修决策的关键环节，其复杂性和重要性不容忽视。随着无人机和机器人技术的快速发展，巡检过程中能够产生海量的数据，包括高分辨率的图像、视频以及各类传感器的实时读数，这些数据构成了对输电线路状态全面评估的基础。然而，如何高效地处理这些海量数据，并从中提取出有价值的信息，以支持智能检修决策，是当前技术实现中面临的一大挑战。

一方面，需要对巡检过程中产生的大量数据进行预处理和清洗，以去除噪声和冗余信息，提高数据质量。这一过程涉及图像去噪、视频压缩、传感器数据校准等多个技术环节，旨在为后续的分析和决策提供准确、可靠的数据基础。然而，由于巡检数据种类繁多、格式各异，且往往伴随着复杂的背景信息和环境干扰，数据预处理和清洗的难度较大，需要采用先进的算法和技术手段。

另一方面，提取有价值信息以支持智能检修决策是数据处理与分析的核心任务。这要求能够从海量数据中挖掘出与输电线路状态相关的关键特征，如线路缺陷、绝缘子破损、树木生长等，进而对这些特征进行定量分析和评估，为检修决策提供依据。为了实现这一目标，需要借助机器学习、深度学习等人工智能技术，构建高效的数据分析模型和算法，以实现对巡检数据的智能化处理和解析。然而，由于输电线路状态的复杂性和多样性，以及数据获取和标注的困难性，构建准确、鲁棒的数据分析模型仍然是一个具有挑战性的任务。

综上所述，无人机及机器人协同的架空输电线路智能检修技术中的数据处理与分析环节，不仅需要解决海量数据的处理效率和精度问题，还需要通过智能化手段提取有价值信息，以支持智能检修决策。这一过程中涉及的技术难题和挑战，需要科研人员不断探索和创新，以推动技术的持续进步和应用范围的拓展。

4.1.3 协同作业

在无人机及机器人协同作业的架空输电线路智能检修技术中，协同作业环节的核心在于无人机与机器人之间的高效配合，以及与地面控制系统的稳定通信和数据传输。这一环节的实施不仅考验着技术的成熟度，更关乎到检修任务的执行效率和安全性。无人机及机器人协同作业的架空输电线路智能检修如图 4-2 所示。

图 4-2　无人机及机器人协同作业的架空输电线路智能检修

无人机与机器人之间的协同工作机制，是实现智能检修任务无缝衔接的关键。在实际操作中，无人机通常承担空中巡检任务，通过高清摄像机和传感器捕捉输电线路的实时图像和状态信息。而机器人则负责在地面或线路上进行精细化的检修作业，如紧固螺栓、更换部件等。为了确保检修任务的顺利完成，无人机与机器人之间需要建立紧密的信息共享和任务协同机制。然而，由于两者在运动特性、感知能力、作业范围等方面的差异，构建这种协同机制面临着诸多挑战。如何确保无人机与机器人在复杂环境和突发情况下仍能保持高效、稳定的协同作业，是当前技术实现中的一大难题。

与地面控制系统的通信和数据传输，则是协同作业中的另一关键环节。

地面控制系统作为整个检修过程的指挥中心，负责监控无人机和机器人的运行状态，接收并处理巡检数据，以及发出检修指令。因此，确保无人机和机器人与地面控制系统之间的通信和数据传输的实时性、准确性和可靠性，对于检修任务的顺利完成至关重要。然而，在实际应用中，由于输电线路通常位于偏远地区，通信条件往往较为恶劣，同时无人机和机器人在高速运动或复杂环境中可能导致通信链路的不稳定和数据传输的延迟。这些因素都增加了协同作业的难度和风险，对技术的稳定性和可靠性提出了更高的要求。

4.1.4 现场环境

无人机及机器人协同的架空输电线路智能检修技术在实施过程中，其现场环境的复杂性和特殊性对技术实现构成了显著的挑战。这些挑战不仅关乎技术的可行性和稳定性，更直接影响到检修任务的执行效率和安全性。

首先，复杂地形和天气条件对作业的影响不容忽视。架空输电线路往往穿越山川、河流、森林等复杂地形，这些地形不仅增加了无人机和机器人的飞行难度，还可能对其导航和定位精度造成干扰。例如，在山区作业时，无人机和机器人需要面对起伏的地形和可能存在的障碍物，这无疑增加了飞行控制的复杂性。同时，恶劣的天气条件，如强风、暴雨、雷电等，也对无人机和机器人的作业安全构成了严重威胁。在强风天气下，无人机和机器人可能面临飞行失稳、控制失效等风险，而暴雨和雷电则可能导致设备损坏或数据丢失。因此，如何在复杂地形和恶劣天气条件下确保无人机及机器人协同作业的安全性和稳定性，成为当前技术实现中亟待解决的问题。

其次，架空输电线路的特殊性也对技术实现提出了更高要求。一方面，输电线路的高度和跨度使得无人机和机器人在进行巡检和检修作业时面临更大的挑战。高空作业不仅要求无人机和机器人具备更强的飞行能力和稳定性，还需要确保其搭载的摄像和传感器设备能够在远距离下仍能保持高精度和高清晰度。这对于设备的性能和技术水平提出了极高的要求。另一方面，不同电压等级的输电线路对设备的安全防护等级和电磁兼容性也提出了不同要求。在高压线路附近作业时，无人机和机器人需要采取特殊的安全防护措施，以避免因电磁干扰或放电现象导致的设备损坏或人员伤亡。这些特殊要求使得技术实现更加复杂和困难。

面对这些挑战，科研人员需要不断探索和创新，以构建更加适应复杂环境和特殊需求的智能检修技术体系。通过深入研究现场环境的特性和影响，科研人员可以开发出更加可靠和高效的无人机及机器人协同作业技术，为电力行业的智能化转型提供有力支撑。

4.2 无人机及机器人协同的架空输电线路智能检修技术的未来趋势展望

4.2.1 技术创新

在未来的发展中，无人机及机器人协同的架空输电线路智能检修技术将不断迈向新的高度，其中技术创新是推动这一进程的关键力量。随着科技的不断进步，无人机和机器人技术将朝着更先进、更稳定的方向发展，为架空输电线路的智能检修提供更加可靠和高效的解决方案。

在无人机和机器人技术的发展上，未来的趋势将是追求更高的性能和更稳定的运行。这包括提升无人机的飞行控制精度和稳定性，以及增强机器人的作业能力和环境适应性。通过采用更先进的导航系统和控制算法，无人机将能够在复杂多变的环境中实现更加精准的飞行和定位，从而确保巡检和检修任务的顺利完成。同时，机器人也将通过优化设计和增强材料性能，提高其在高压、高湿等恶劣环境下的作业能力和耐久性。

除了性能的提升，未来无人机及机器人协同技术还将注重提高飞行时长、续航能力和抗恶劣天气能力。这将通过改进电池技术和能源管理系统，以及开发更加高效的推进系统和动力系统来实现。更长的飞行时长和更强的续航能力将使得无人机和机器人能够在更广泛的区域内进行长时间的巡检和检修作业，从而提高工作效率和覆盖范围。而更强的抗恶劣天气能力则将确保无人机和机器人在极端天气条件下仍能保持稳定运行，减少因天气原因导致的作业中断和延误。

此外，摄像设备和传感器技术的改进也将是未来技术创新的重要方向。通过采用更高分辨率、更高灵敏度的摄像设备和传感器，可以获取更加清晰、准确的输电线路图像和数据，从而提高智能检修的精度和可靠性。同时，结合人工智能和大数据技术，可以对采集到的数据进行深度分析和挖掘，发现潜在的故障点和安全隐患，为检修决策提供科学依据。这些技术创新将使得无人机及机器人协同的架空输电线路智能检修技术更加智能化、精准化和高效化。

4.2.2　数据处理与分析能力的提升

在无人机及机器人协同的架空输电线路智能检修技术的未来趋势中，数据处理与分析能力的提升将占据举足轻重的地位。这一提升不仅将优化现有的数据处理和分析流程，还将推动智能化故障识别和预测的实现，为电力行业的运维工作带来革命性的变革。

首先，大数据技术的引入将极大地丰富数据处理和分析的手段。通过收集和分析来自无人机、机器人以及各类传感器的海量数据，可以更加全面地了解输电线路的运行状态。这些数据包括但不限于线路的温度、湿度、振动情况、图像信息等，它们共同构成了一个庞大的数据集。大数据技术能够对这些数据进行高效的处理和存储，为后续的分析工作提供坚实的基础。同时，借助人工智能算法，可以对这些数据进行深度挖掘，发现潜在的故障模式和规律，为运维决策提供科学依据。

其次，人工智能技术在数据处理和分析中的应用将进一步提升智能化水平。通过训练深度学习模型，可以实现对输电线路故障的自动识别。这些模型能够从海量的图像数据中提取出关键特征，并准确地判断是否存在故障。此外，人工智能还可以结合历史数据和实时数据，对线路的未来运行状态进行预测。这种预测能力不仅能够提前发现潜在的故障点，还能够为运维计划的制定提供有力支持。

在智能化故障识别和预测的实现过程中，数据处理和分析能力的提升将发挥至关重要的作用。通过优化数据处理流程，可以确保数据的准确性和完整性，为后续的分析工作提供可靠保障。同时，借助先进的人工智能算法，可以实现对数据的深度挖掘和智能分析，为运维决策提供科学依据和精准预测。这种智能化的数据处理和分析能力将极大地提高运维工作的效率和准确性，为电力行业的可持续发展注入新的活力。

4.2.3　协同与智能化

在无人机及机器人协同的架空输电线路智能检修技术的未来趋势中，协同与智能化将成为推动技术发展的关键力量。这一趋势不仅将优化现有作业流程，还将显著提升运维效率和安全性，为电力行业的智能化转型注入新的活力。

首先，无人机与机器人之间的智能协同工作将成为未来发展的重要方向。在这一模式下，无人机将凭借其高空飞行的优势，负责进行大范围的线路巡检，快速捕捉潜在的安全隐患。而机器人则凭借其灵活的机械臂和精确的传感器，负责在地面或杆塔上进行细致的检修作业。两者之间通过智能协同系统实现信息共享和任务分配，确保整个检修过程的高效和精准。这种协同工作不仅将提升作业效率，还将降低运维人员的安全风险，实现更加智能化的运维管理。

其次，与物联网、云计算等技术的结合，将进一步推动架空输电线路智能检修技术的革新。物联网技术将实现输电线路各类设备的互联互通，使得运维人员能够实时掌握设备的运行状态和故障信息。云计算技术则提供了强大的数据处理和分析能力，能够对海量数据进行快速处理和深度挖掘，为运维决策提供科学依据。结合无人机和机器人的智能协同工作，物联网和云计算技术将共同构建一个实时监测与管理的智能化系统。这一系统能够实现对输电线路的全方位、全天候监控，及时发现并处理潜在的安全隐患，确保输电线路的安全稳定运行。

因此，无人机及机器人协同的架空输电线路智能检修技术的未来趋势中，协同与智能化将成为推动技术发展的关键。通过无人机与机器人之间的智能协同工作，以及物联网、云计算等技术的结合应用，将能够构建一个更加高效、精准、安全的运维管理体系，为电力行业的智能化转型和可持续发展提供有力支持。

4.2.4 标准化与规范化

在无人机及机器人协同的架空输电线路智能检修技术的未来展望中，标准化与规范化扮演着至关重要的角色，它们不仅是技术普及与应用的基石，也是促进国际技术交流与合作的关键。

首先，构建统一的技术标准和操作规范是推进标准化与规范化的核心任务。随着技术的快速发展，无人机及机器人在架空输电线路检修中的应用日益广泛，但设备间的兼容性和互操作性问题也随之浮现。因此，制定一套涵盖设计、制造、测试、运行等全方位的技术标准和操作规范显得尤为重要。这些标准不仅应明确设备的性能指标、安全要求及测试方法，还应包括操作人员的资质认证与培训规范，以确保技术的实际应用能够达到安全、高效、可靠的标准。此举不仅能有效降低运维成本，提升检修效率，还能最大程度地保障人员与设备的安全。

其次，推动技术标准的国际化和互认是标准化与规范化的另一重要维度。在全球经济一体化的大背景下，无人机及机器人技术的国际交流与合作已成为常态。为实现技术的广泛传播与深入应用，加强与其他国家在技术标准制定方面的沟通与合作，共同推动技术标准的国际化进程，显得尤为迫切。通过参与国际组织、专业论坛等活动，积极分享中国在无人机及机器人技术方面的研究成果与实践经验，同时借鉴他国先进经验，共同研究和制定国际认可的技术标准，是提升中国在国际技术竞争中地位与影响力的有效途径。此外，推动国际标准的统一与互认，将极大促进无人机及机器人技术在全球范围内的推广与应用，为电力行业乃至整个能源领域的智能化转型提供坚实支撑。

总之，标准化与规范化在无人机及机器人协同的架空输电线路智能检修技术的未来发展中占据举足轻重的地位，它们将为实现技术的安全、高效、智能应用奠定坚实基础，推动电力行业向更加智能化、可持续的方向发展。

4.2.5 应用场景拓展

在无人机及机器人协同的架空输电线路智能检修技术的未来展望里，应用场景的拓展无疑将开启一个全新的篇章，其影响力远远超出了架空输电线路本身，正逐步渗透至电力设施的其他环节乃至更广泛的行业领域。

一方面，技术的革新使得无人机及机器人在架空输电线路的成功应用成为了一个良好的起点，预示着它们在电力设施其他部分如变电站、配电系统中的巨大潜力。变电站作为电力系统的中枢，其运维工作的复杂性和关键性不言而喻。无人机及机器人凭借其高效、精准的特性，将能够在变电站设备巡检、故障预警及应急抢修中发挥重要作用，有效减轻运维人员的工作负担，提升运维效率，确保电力系统的稳定运行。同样，在配电系统中，无人机及机器人的应用将进一步提升线路巡视的效率和故障定位的精确度，缩短故障修复时间，为居民和工业用电提供更加可靠的服务。

另一方面，无人机及机器人协同的智能检修技术正逐步跨越电力行业，向其他领域如交通、农业、环保等拓展，展现出广泛的适用性。在交通领域，无人机可以用于交通流量监测、交通事故现场勘查及交通设施维护，为交通管理部门提供实时、准确的交通信息，优化交通管理策略。在农业领域，无人机及机器人可以用于精准农业作业，如病虫害监测、作物生长状况评估及精准施肥，提高农业生产效率，减少资源浪费，促进农业可持续发展。在环保领域，无人机可用于空气质量监测、森林火灾预警及水体污染检测，为环境保护部门提供及时、准确的监测数据，助力环境保护与治理。

随着技术的不断进步与应用的深入，无人机及机器人协同的智能检修技术正逐步打破行业界限，其应用场景的多样化与智能化将推动各行业向更加高效、智能的方向发展，为构建智慧城市、实现可持续发展目标贡献力量。

4.3 总结

在深入剖析无人机及机器人协同的架空输电线路智能检修技术所面临的挑战与未来趋势后，其核心要点得以清晰地展现。这项技术作为电力行业智能化升级的关键一环，尽管在提升运维效率、确保线路安全方面已展现出显著成效，但仍需克服多重挑战。技术层面，飞行稳定性、续航能力及高精度传感器的研发仍需持续精进；操作与维护层面，专业人员的培训、设备的日常保养及远程监控系统的全面优化是当前亟待解决的问题；同时，法规与标准的缺失也限制了技术的广泛应用与深入发展。

展望未来，无人机及机器人协同智能检修技术的发展前景令人瞩目。技术创新方面，新型材料与能源技术的应用将极大提升设备性能，人工智能与大数据的深度结合将推动智能识别与自主导航技术的不断突破，为技术的广泛应用奠定坚实基础。应用场景的拓展同样令人期待，从架空输电线路向变电站、配电系统等电力设施的延伸，以及在交通、农业、环保等领域的潜在应用，预示着这项技术将深刻改变多个行业的运维模式，推动行业智能化水平的整体提升。

在此过程中，技术创新与管理升级的双重驱动显得尤为重要。技术创新是推动技术发展的核心引擎，它不仅能够解决当前面临的技术难题，还能不断拓展技术的应用领域，提升技术的智能化与自主化水平。而管理升级，包括法规与标准的制定与完善、专业人员的培训与考核体系的建立，以及智能化运维管理系统的构建，则是保障技术安全、高效应用的重要支撑。技术创新与管理升级的深度融合，将为无人机及机器人协同智能检修技术的持续健康发展提供强大动力。

因此，无人机及机器人协同的架空输电线路智能检修技术，在面临挑战的同时，也展现出广阔的发展前景。通过技术创新与管理升级的双重驱动，这项技术将在未来发挥更加重要的作用，为电力行业的智能化转型与可持续发展贡献更多力量。

参考文献

[1] 李敏, 于倩, 李捷, 等. 高压输电线路的无人机巡检技术分析 [J]. 集成电路应用, 2023, 40(2): 126-127. DOI: 10. 19339/j. issn. 1674-2583. 2023. 02. 052.

[2] 缪希仁, 刘志颖, 鄢齐晨. 无人机输电线路智能巡检技术综述 [J]. 福州大学学报 (自然科学版), 2020, 48(2): 198-209.

[3] 彭向阳, 吴功平, 金亮, 等. 架空输电线路智能机器人全自主巡检技术及应用 [J]. 南方电网技术, 2017, 11(4): 14-22. DOI: 10. 13648/j. cnki. issn1674-0629. 2017. 04. 003.

[4] 隋宇, 宁平凡, 牛萍娟, 等. 面向架空输电线路的挂载无人机电力巡检技术研究综述 [J]. 电网技术, 2021, 45(9): 3636-3648. DOI: 10. 13335/j. 1000-3673. pst. 2020. 1178.

[5] 缪希仁, 刘志颖, 鄢齐晨. 无人机输电线路智能巡检技术综述 [J]. 福州大学学报 (自然科学版), 2020, 48(2): 198-209.

[6] 邵瑰玮, 刘壮, 付晶, 等. 架空输电线路无人机巡检技术研究进展 [J]. 高电压技术, 2020, 46(1): 14-22. DOI: 10. 13336/j. 1003-6520. hve. 20191227002.

[7] 刘壮, 杜勇, 陈怡, 等. ±500kV 直流输电线路直线塔无人机巡检安全距离仿真与试验 [J]. 高电压技术, 2019, 45(2): 426-432. DOI: 10. 13336/j. 1003-6520. hve. 20181206003.

[8] 吕宗阳. 吊挂负载多旋翼无人机系统建模与控制研究 [D]. 大连理工大学, 2021. DOI: 10. 26991/d. cnki. gdllu. 2021. 004965.

[9] 康博涵. 吊运无人机运动规划方法研究 [D]. 北京化工大学, 2023. DOI: 10. 26939/d. cnki. gbhgu. 2023. 001174.

[10] 刘肩山, 唐毅, 谢志明. 基于补偿函数观测器的无人机吊挂飞行控制 [J]. 现代信息科技, 2023, 7(16): 62-65+70. DOI: 10. 19850/j. cnki. 2096-4706. 2023. 16. 014.

[11] 严茜. 基于神经网络的四旋翼吊挂无人机抗扰控制 [D]. 南京航空航天大学, 2022. DOI: 10. 27239/d. cnki. gnhhu. 2022. 000082.

[12] 王智宝. 面向运输任务的四旋翼无人机吊挂系统控制方法研究 [D]. 天津大学, 2020. DOI: 10. 27356/d. cnki. gtjdu. 2020. 004726.

[13] 吴兆儒. 四旋翼无人机吊挂飞行控制方法研究 [D]. 黑龙江大学, 2023. DOI: 10. 27123/d. cnki. ghlju. 2023. 000658.

[14] 黄子豪. 四旋翼无人机吊挂负载飞行控制与实现 [D]. 哈尔滨工业大学, 2022. DOI: 10. 27061/d. cnki. ghgdu. 2022. 004043.

[15] 杨小强. 四旋翼无人机吊挂抗摆飞行控制方法研究 [D]. 西南科技大学, 2023. DOI: 10. 27415/d. cnki. gxngc. 2023. 000040.

[16] 齐俊桐, 平原. 无人机吊挂飞行控制技术综述 [J]. 无人系统技术, 2018, 1(1): 83-90. DOI: 10. 19942/j. issn. 2096-5915. 2018. 01. 008.

[17] 韩晓薇, 鲜斌, 杨森. 无人机吊挂空运系统的自适应控制设计 [J]. 控制理论与应用, 2020, 37(5): 999-1006.

[18] 赵路娜, 杜文祥, 郭金建, 等. 架空输电线路巡检机器人风载下姿态检测及控制技术 [C]// 中国高科技产业化研究会智能信息处理产业化分会. 第十七届全国信号和智能信息处理与应用学术会议论文集. 国网山东省电力公司菏泽供电公司, 2023: 478-481. DOI: 10. 26914/c. cnkihy. 2023. 054816.

[19] 鲁杰, 张兆广, 白雪松, 等. 架空输电线路智能巡线机器人设计与研究 [J]. 设备管理与维修, 2023, (4): 83-85. DOI: 10. 16621/j. cnki. issn1001-0599. 2023. 02D. 38.

[20] 陈安. 输电线路导线修补机器人的研制与应用 [J]. 电气时代, 2022, (12): 68-70.

[21] 孙灏, 吴宗展. 输电线路巡检中的智能机器人应用 [J]. 集成电路应用, 2024, 41(1): 280-281. DOI: 10. 19339/j. issn. 1674-2583. 2024. 01. 128.

[22] 梁永强, 冯瑞理, 庞建建, 等. 多通道交互技术在无人机指控系统的应用 [C]// 中国指挥与控制学会（Chinese Institute of Command and Control）. 第十届中国指挥控制大会论文集（上册）. 中国人民解放军 95844 部队, 2022: 675-679. DOI: 10. 26914/c. cnkihy. 2022. 019570.

[23] 崔唯佳, 刘彤, 田若宇. 基于自然用户界面的无人机交互技术研究进展 [J]. 电子技术与软件工程, 2022, (14): 135-138. DOI: 10. 20109/j. cnki. etse. 2022. 14. 031.